Bhagwan Rekadwad

Extremófilos

Bhagwan Rekadwad

Extremófilos

ScienciaScripts

Imprint

Cover image: www.ingimage.com

This book is a translation from the original published under ISBN 978-3-659-82786-0.

Publisher:
Sciencia Scripts
is a trademark of
Dodo Books Indian Ocean Ltd. and OmniScriptum S.R.L publishing group

120 High Road, East Finchley, London, N2 9ED, United Kingdom
Str. Armeneasca 28/1, office 1, Chisinau MD-2012, Republic of Moldova, Europe
Printed at: see last page
ISBN: 978-620-8-16611-3

Este livro contém informações sobre extremófilos versáteis. Estes têm a capacidade inerente de crescer e prosperar entre os poliextremistas. Tentei descrever aqui as várias biomoléculas e compostos bioactivos, tais como enzimas, pigmentos únicos, alcalóides, péptidos, antibióticos coloridos, exopolissacarídeos, sideróforos, ectoínas e proteínas que são produzidos e libertados pelos extremófilos em condições de stress e que têm potenciais aplicações biotecnológicas, especialmente na agricultura, na indústria alimentar, nos cuidados de saúde e na medicina.

Introdução

Os microrganismos sobrevivem em condições física e geoquimicamente extremas que desafiam os limites físico-químicos da vida, tais como temperaturas extremas, pH, salinidade, pressão, dessecação, radiação e outras. Estes organismos são designados por extremófilos (Sharma et al., 2012). A maioria dos organismos "superiores" vive em condições convencionais, ou seja, cresce e prospera em condições de temperatura moderada, pH, salinidade, disponibilidade de água, teor de oxigénio, pressão e disponibilidade de carbono e energia. Estes parâmetros, ou seja, a definição de "moderado", são antropocêntricos e agrupam-se em torno de uma temperatura de 37 °C, um pH de 7,4, uma salinidade de 0,9 a 3 % e uma pressão de 1 atm. No passado, estas condições eram rotuladas de "normais" ou "fisiológicas", mas, especialmente no último século, a investigação noutros ambientes demonstrou que um grande número de organismos vive em condições mais "extremas", ou mesmo exige condições mais hostis para os seres humanos e para a maioria dos seus coabitantes microbianos. MacElroy cunhou o termo "extremófilo" em 1974 para descrever estes organismos e, embora incluam algumas espécies de protozoários, algas e fungos, a maioria dos extremófilos são procariotas. "À medida que as condições se tornam mais exigentes, os ambientes extremos são colonizados exclusivamente por procariotas." Embora o isolamento de algumas destas espécies se deva a técnicas de cultura melhoradas ou mais rápidas, a iniciativa de explorar ambientes anteriormente considerados inabitáveis e o desenvolvimento da tecnologia necessária para o fazer permitiram o isolamento de muitas mais espécies. É provável que existam organismos vivos em todos os ambientes - basta saber reconhecê-los. Um exemplo disso é o Mar Morto, que se pensava não ter vida, mas que alberga uma variedade de organismos procarióticos e até mesmo
formas de vida eucarióticas.

Para além da curiosidade intelectual, o interesse no estudo dos extremófilos deriva da sua potencial utilidade para os processos industriais, das suas possíveis ligações às origens da vida neste planeta e de possíveis pistas sobre como e onde procurar vida extraterrestre. Os extremófilos podem ser divididos em duas grandes categorias: os extremófilos verdadeiros (obrigatórios), que necessitam de uma ou mais condições extremas para crescerem e se reproduzirem, e os extremófilos facultativos, que podem tolerar bastante bem condições que são tóxicas e/ou letais para a grande maioria dos organismos vivos, embora cresçam de forma óptima em condições "normais". Atualmente, algumas ordens ou géneros contêm apenas extremófilos, enquanto outras ordens ou géneros contêm tanto extremófilos como não extremófilos; no entanto, como estão constantemente a ser identificados novos organismos e estimamos que identificámos menos de 2% dos microrganismos que se pensa existirem, esta categorização pode mudar frequentemente. Em alguns casos, os extremófilos são considerados filogeneticamente os mais antigos (por exemplo, os Clostridia termófilos), enquanto noutros casos os extremófilos são considerados adaptações secundárias.

Os extremófilos são melhor caracterizados pelos parâmetros mínimo, máximo e ótimo das condições extremas de crescimento, ou seja, Tmin, Topt e Tmax para os termófilos. Nesta revisão, são discutidas as diferentes categorias de procariotas extremófilos e examinados os seus habitats, bioquímica, processos ou produtos celulares interessantes e potenciais aplicações científicas e práticas. É claro que os estudos morfológicos sempre foram um tópico importante na caraterização dos extremófilos (Fig. 1), mas não são abordados aqui; o mesmo se aplica à descrição específica dos diferentes procariotas extremos.

ambientes (exemplos nas Figuras 2 e 3), que são mencionados mas não explicados em pormenor.

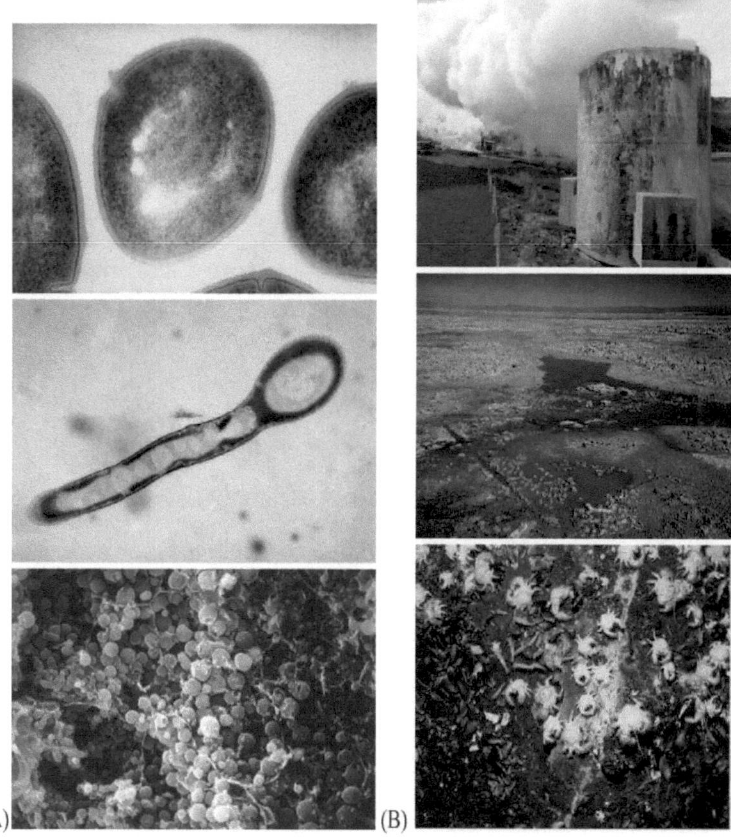

Figura 1: (A) Electromicrografias de vários extremófilos estudados num ambiente de temperatura elevada: a Thermococcus guaymasensis, b Clostridium thermobutyricum, c bactérias sintróficas de Riftia pachiptylia (cortesia de CM Cavanaugh). Barra de escala 1 μm (B) Alguns ambientes onde os extremófilos podem ser isolados: a uma central eléctrica na Islândia, b o deserto de sal de Atacama (Chile), c fontes hidrotermais de águas profundas na calha de Okinawa (Japão)

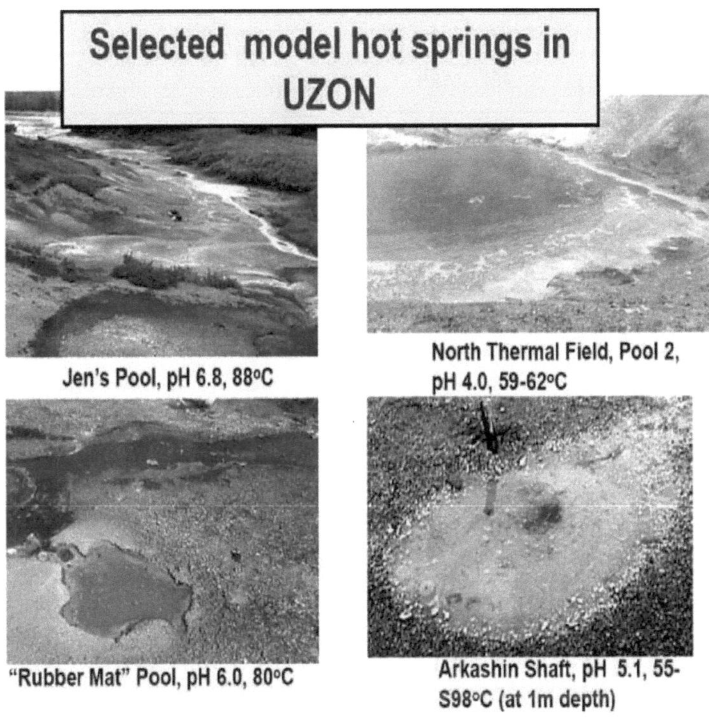

Figura 2: Exemplos de fontes termais modelo na caldeira de Uzon, Kamchatka, Rússia (Canganella e Wiegel, 2011)

Referências

Sharma A, Kawarabayasi Y, Satyanarayana T (2012) *Acidophilic bacteria and archaea: acid-stable biocatalysts and their potential applications.* Extremophiles 16:1-19. doi:10.1007/s00792-011-0402-3

Canganella F, Wiegel J (2011) Extremophiles: from abyssal to terrestrial ecosystems and possibly beyond. Naturwissenschaften (2011) 98:253-279. doi:10.1007/s00114-011- 0775-2.

Capítulo 1 Termófilos

As zonas geotérmicas estão limitadas a alguns locais do mundo onde existe atividade vulcânica. A Islândia é considerada um dos "pontos quentes" do mundo, porque uma grande quantidade de energia geotérmica atinge a superfície. As zonas geotérmicas foram divididas em duas categorias, de acordo com a temperatura: Áreas de alta temperatura e áreas de baixa temperatura. As zonas de alta temperatura estão localizadas dentro das áreas vulcânicas activas com temperaturas superiores a 200 °C a uma profundidade de 1000 metros. As principais caraterísticas das zonas de alta temperatura são as fontes termais sulfurosas e argilosas e as fumarolas. Nestas zonas, a água é muitas vezes escassa e frequentemente muito ácida, o que pode levar a uma transformação da rocha circundante com várias precipitações. As zonas de baixa temperatura estão localizadas fora das zonas vulcânicas activas e têm uma temperatura inferior a 150 °C a uma profundidade de 1000 metros. As principais caraterísticas das zonas de baixa temperatura são as piscinas e nascentes de água límpida com uma temperatura de 20-100 °C. Estas piscinas e nascentes são maioritariamente alcalinas. Estas piscinas e nascentes são maioritariamente alcalinas com um pH entre 8 e 10 e têm frequentemente sílica nas margens das fontes termais.

A flora microbiana das fontes termais é de particular interesse devido às propriedades termofílicas únicas dos organismos presentes. Uma variedade de microrganismos litotróficos e heterotróficos foi isolada de comunidades em fontes termais. A base da vida nas fontes termais é a produção primária, ou seja, a conversão de dióxido de carbono em biomassa. A temperaturas mais baixas, as cianobactérias e as algas eucarióticas estão disseminadas e são os produtores primários mais importantes. A temperaturas mais elevadas, a composição das espécies altera-se e, acima dos 70°C, a fotossíntese já não é conhecida. Em vez de bactérias fototróficas, estão presentes várias bactérias quimiolitotróficas oxidantes de enxofre e hidrogénio. O enxofre e o
As bactérias de hidrogénio são capazes de ligar o dióxido de carbono na biomassa absorvendo o Calvin
ou o ciclo inverso do ácido cítrico (TCA) e são, portanto, produtores primários e a base dos ecossistemas a temperaturas mais elevadas.

Um dos recursos naturais mais importantes da Islândia é a energia geotérmica. Esta é utilizada de várias formas, principalmente para o aquecimento de habitações, mas também para a produção de eletricidade, o cultivo em estufas e várias indústrias. Um dos efeitos mais importantes da utilização da energia geotérmica é a emissão de gases com o vapor geotérmico. Os gases mais importantes são os gases com efeito de estufa, o dióxido de carbono (CO_2) e o metano (CH_4), bem como os gases de enxofre, principalmente sob a forma de sulfureto de hidrogénio (H_2S), que é tóxico. Quando o H_2S é libertado, é frequentemente oxidado em SO2, levando à acidificação da chuva e do solo, o que é muito preocupante. O fluxo natural de gás nas zonas geotérmicas faz-se através de fumarolas e fontes termais. Após a utilização, o fluido extraído é, em quase todos os casos, muito maior do que o fluxo natural da área e o fluxo natural aumenta. A consequência da utilização das zonas geotérmicas é, portanto, um aumento do fluxo de vapor proveniente de fontes naturais, bem como do vapor produzido pelas centrais eléctricas. O gás emitido pelas centrais eléctricas constitui um claro desperdício de energia e também uma poluição sob a forma de gases com efeito de estufa e de enxofre.

Estamos interessados na utilização do gás emitido pelas centrais geotérmicas e na redução simultânea das emissões de H2S e CO2 para a atmosfera. As principais fontes de energia para as bactérias quimiolitotróficas presentes nos gases geotérmicos são o hidrogénio e o sulfureto de hidrogénio. O dióxido de carbono também está presente para apoiar o crescimento autotrófico. Exemplos demonstraram que as bactérias são eficazes na desodorização biológica devido às suas rápidas taxas de oxidação do sulfureto de hidrogénio e boa eficiência de remoção. A principal vantagem da utilização de bactérias quimiolitotróficas do tipo tiobacilos é o facto de necessitarem de poucos nutrientes. Estas bactérias têm sido estudadas para a remoção de H2S de vários gases e têm mostrado resultados promissores.

1.1 Procariotas termofílicos e seus habitats

Os termófilos são organismos com uma temperatura óptima de crescimento superior a 45 °C. Tanto os eucariotas como os procariotas são capazes de viver a temperaturas iguais ou superiores a 45 °C, mas se a temperatura for superior a 65 °C, apenas os procariotas podem desenvolver-se.

Inicialmente, os estudos não se centravam na sobrevivência das bactérias termofílicas, embora a existência de organismos termofílicos fosse bem conhecida. Foram dois os tipos de observações que levaram à descoberta e ao cultivo de bactérias termofílicas. Em primeiro lugar, utilizando técnicas normais de cultura de bactérias (particularmente na indústria de conservas), verificou-se que as bactérias tolerantes ao calor e formadoras de esporos eram a causa de muitos problemas. O segundo tipo de investigação resultou de estudos ecológicos de organismos que vivem em habitats geotérmicos. Devido às cores visíveis e atractivas dos organismos fototróficos, a atenção centrou-se principalmente nos organismos que raramente crescem acima dos 60-65°C. Mais tarde, observações cuidadosas levaram à descoberta de organismos que vivem acima destas temperaturas. No entanto, a existência de organismos termofílicos era conhecida desde os primeiros anos da bacteriologia.

Os cientistas têm discutido sobre onde traçar a fronteira entre organismos termofílicos e mesofílicos. Foi sugerido que o limite inferior deveria situar-se a uma temperatura óptima de 55-60°C, uma vez que as temperaturas imediatamente inferiores a esta são muito comuns na natureza e as temperaturas mais elevadas estão sobretudo limitadas às zonas geotérmicas. Outra razão é o facto de se saber que *os eucariotas* vivem a estas temperaturas.

Os procariotas termofílicos foram classificados em vários grupos, dependendo da sua temperatura óptima:

i. Termófilos facultativos: todos os termófilos cuja gama de temperaturas se situa maioritariamente na gama mesófila (ou seja, abaixo de 45 °C).

ii. Termotolerante: qualquer organismo com uma temperatura óptima de _45°C, mas que também pode sobreviver a uma temperatura
Temperatura >45°C.
iii. Moderadamente termofílico: qualquer organismo com uma temperatura óptima entre 45 e 60 °C.
iv. Estritamente termofílico: qualquer organismo com uma temperatura óptima entre 60 e 90°C.
v. Termófilo extremo: qualquer organismo com uma temperatura óptima de 90°C.

Os termófilos pertencem a dois domínios de vida filogeneticamente muito diferentes, nomeadamente *as bactérias* e *as archaea* (Stetter, 1999). É geralmente aceite que, na maioria dos ambientes hidrotermais, *as bactérias* dominam a temperaturas entre 50 e 90°C. A temperaturas entre 60 e 68°C, domina um grupo de bactérias, as Aquificales. A temperaturas entre 60 e 68°C, domina um grupo de *bactérias, os Aquificales*, que representam géneros como o *Hydrogenobacter.* Em ambientes com temperaturas superiores a 90°C, dominam *as archaea*, como a *Pyrolobus fumarii*, que tem uma temperatura óptima de 106°C e pode viver a temperaturas até 113°C. As arqueas extremamente termofílicas não crescem abaixo dos 60°C. As bactérias termofílicas também foram isoladas do solo e do composto quente. Os compostos são fases sólidas aeróbias, auto-aquecidas, nas quais os resíduos orgânicos são biodegradados. A temperatura pode atingir 65-80 °C devido à biodegradação, o que leva a uma rápida transição de uma comunidade mesófila para uma comunidade termófila. A fase termogénica é seguida de uma lenta diminuição da temperatura, durante a qual a diversidade de microrganismos aumenta.

A principal razão pela qual os termófilos podem prosperar a altas temperaturas é a estabilidade das suas enzimas e proteínas. As enzimas dos termófilos são mais estáveis a altas temperaturas porque as sequências de aminoácidos das proteínas são ligeiramente diferentes das das bactérias mesófilas. A estabilidade das proteínas é o resultado de um maior número de pares de iões, ou seja, ligações iónicas entre as cargas positivas e negativas dos diferentes aminoácidos. Além disso, as bactérias termofílicas produzem solutos como o fosfato de di-isitol, o diglicerol
fosfato e manosilglicerato, que ajudam a estabilizar as proteínas contra a desnaturação. Existem
não são apenas as enzimas e proteínas que se adaptaram às altas temperaturas, mas também a membrana citoplasmática. Os termófilos têm lípidos ricos em ácidos gordos saturados, o que resulta em membranas celulares mais firmes. As membranas celulares dos hipertermófilos, a maioria dos quais são *archaea*, também diferem das membranas celulares bacterianas. Não são constituídas por ácidos gordos, mas por unidades de isopreno (5 átomos de carbono cada) em cadeias repetidas. As unidades de isopreno estão ligadas por ligações de éter e não por ligações de éster como nas membranas celulares bacterianas e eucarióticas.

Outra diferença entre as membranas celulares das bactérias e das arqueas é que *as arqueas* não têm uma bicamada lipídica como *as bactérias*. A sua membrana é constituída por uma única camada, o que significa que o risco de rutura da membrana é menor do que numa membrana de duas camadas.

As células dos hipertermófilos são muito pequenas e parecem não ter isolamento contra o calor. Por conseguinte, todos os componentes da célula devem ser resistentes ao calor.

Uma vez que *as bactérias* e *as arqueias* são tão diferentes, podem utilizar estratégias diferentes para se adaptarem ao calor.

Estudos sobre microrganismos termofílicos mostraram que estes têm elevadas taxas de crescimento e um tempo de geração de apenas 1 hora. A temperatura de crescimento mais elevada conhecida é de 113°C, mas pensa-se que a temperatura máxima de crescimento à qual a vida microbiana pode existir se situa algures entre 113 e 150°C. Foi demonstrado que os líquidos fumegantes das profundezas do mar a 200-350°C são estéreis.

A deteção e o isolamento de novos microrganismos termofílicos aumentou nas últimas décadas e desde a primeira descoberta de bactérias termofílicas na década de 1960. Isto deve-se principalmente aos avanços nos métodos moleculares, como a amplificação do gene 16S rRNA, que permite a deteção simultânea de sequências de ADN de muitos organismos diferentes. Apesar destes grandes avanços, só foi possível isolar e caraterizar uma pequena parte de todos os microrganismos. Os dados genéticos recolhidos por estes métodos moleculares encontram-se em grandes bases de dados, como o National Centre for Biotechnological Information (NCBI ou
GenBank) e o Ribosomal Database Project (RDP II).

1.2 Zonas geotérmicas

As zonas geotérmicas estão limitadas a alguns locais do mundo onde existe atividade vulcânica. Estas zonas são habitats favoráveis para os organismos termofílicos porque, ao contrário do solo ou do composto, são estáveis ao calor. A temperatura no solo pode atingir 70 °C ao meio-dia devido à radiação solar, mas arrefece rapidamente e, a alguns centímetros abaixo da superfície, a temperatura pode ser muito mais baixa. A temperatura das fontes termais em áreas geotérmicas tende a ser muito constante, flutuando não mais do que 1 a 2 °C ao longo de muitos anos, embora a temperatura possa variar muito entre fontes termais, indo de 20 °C a mais de 100 °C, dependendo da localização e da pressão. Para além de temperaturas relativamente estáveis, as zonas geotérmicas oferecem uma vasta gama de acidez, estados de oxidação/redução, concentrações de soluto, composições gasosas, mineralogia e nutrientes que favorecem o crescimento de organismos quimiolitotróficos e quimioorganotróficos. Esta diversidade de parâmetros de crescimento conduz a uma enorme diversidade genética e metabólica. As diferentes zonas geotérmicas podem ser classificadas da seguinte forma:

a) Fontes terrestres quentes com temperaturas até ao ponto de ebulição.
b) Fontes hidrotermais no fundo do mar onde a temperatura pode atingir 350°C ou mais.
c) Saída de vapor com uma temperatura até 500°C.

As fontes termais e os furos subterrâneos também foram investigados em termos de vida microbiana. Verificou-se que existem diversas comunidades de bactérias e archaea.

A principal caraterística das zonas geotérmicas é a concentração extremamente baixa de oxigénio. Consequentemente, a maioria das espécies conhecidas de termófilos são classificadas como obrigatórias ou anaeróbios facultativos, embora também sejam conhecidos isolados aeróbios e microaeróbios.

As fontes termais terrestres podem ser encontradas na maioria das áreas geotérmicas do mundo, no oeste dos Estados Unidos, Nova Zelândia, Islândia, Japão, Itália, Indonésia, América Central, Rússia e África Central (Vésteinsdóttir, 2008).

1.3 Porque é que as enzimas dos termófilos devem ser favorecidas?

Com o florescente crescimento da industrialização, a procura de enzimas termoestáveis aumentou tremendamente devido à sua elevada termoestabilidade e viabilidade para os processos envolvidos. Uma das vantagens óbvias da execução de processos biotecnológicos a temperaturas elevadas é a redução do risco de contaminação por organismos mesófilos comuns. Além disso, o funcionamento a temperaturas elevadas tem um impacto significativo na biodisponibilidade e solubilidade dos compostos orgânicos, conduzindo a uma bioremediação eficiente. As reacções a temperaturas mais elevadas têm a vantagem adicional de a viscosidade diminuir e, por conseguinte, o coeficiente de difusão dos substratos aumentar, conduzindo a uma mudança de equilíbrio favorável nas reacções endotérmicas. Estas enzimas podem também ser utilizadas como modelos para compreender os fundamentos da termoestabilidade. Nas secções seguintes, são descritas enzimas termoestáveis específicas, as suas fontes, propriedades e respectivas aplicações industriais.

1.4 Enzimas de degradação de proteínas

As proteases, que se dividem geralmente em exopeptidases (clivam ligações peptídicas a partir das extremidades da cadeia proteica) e endopeptidases (clivam ligações peptídicas no interior da proteína), são as enzimas industriais mais importantes e representam mais de 65% do mercado mundial. Estas enzimas são amplamente utilizadas nas indústrias alimentar, farmacêutica, do couro e têxtil. Entre as fontes extremófilas, as proteases termoestáveis de certas bactérias haloalcalifílicas e actinomicetas. Com a crescente procura de enzimas,

haverá uma procura crescente de biocatalisadores estáveis que possam resistir a condições de funcionamento difíceis.

1.5 Enzimas de degradação do amido

A indústria do amido é um dos maiores utilizadores de enzimas amilolíticas, consumindo quase 30% do consumo mundial de enzimas para a hidrólise e modificação desta matéria-prima útil. No entanto, a hidrólise completa requer uma combinação de enzimas, que incluem α-amilases, glucoamilases ou β-amilases e isoamilases ou pululanases. As enzimas são classificadas em enzimas endoactivas e exoactivas, sendo as α-amilases endoactivas e hidrolisando as ligações glicosídicas de forma aleatória, resultando na formação de oligossacáridos lineares e ramificados,
enquanto as outras são enzimas exoactivas que atacam o substrato a partir da extremidade não redutora e formam oligo- e/ou monossacáridos. A conversão enzimática do amido envolve a gelatinização e a sacarificação, pelo que é desejável que as α-amilases sejam activas a altas temperaturas de gelatinização (100°C-110°C) e liquefação (80°C-90°C) para poupar processos. Embora a procura de α-amilases termoestáveis esteja a aumentar constantemente, outras propriedades das enzimas, como a eficiência catalítica, o espetro de substratos, o perfil de pH e a estabilidade do pH, também são importantes para que funcionem nas condições de aplicação. Além disso, um dos requisitos da indústria do amido é a necessidade de cálcio das α-amilases, que pode levar à formação de oxalato de cálcio, uma substância que pode bloquear as linhas de processamento e os permutadores de calor. Por conseguinte, as amilases independentes do cálcio seriam um dos pré-requisitos para o desenvolvimento de processos bem sucedidos na indústria do amido. A diversidade de organismos termofílicos em ambientes de alta temperatura e os requisitos para processos tecnológicos novos e melhorados para enzimas com propriedades novas e adequadas são um desafio tanto para a ciência como para a indústria.

1.6 Enzimas de degradação da celulose

A celulose, a fonte orgânica mais comum de alimentos para animais, combustíveis e produtos químicos, é constituída por unidades de glucose ligadas linearmente por ligações β-1,4-glicosídicas. Em comparação com o amido, a celulose é mais difícil de digerir e hidrolisar devido aos diferentes tipos de ligações e à forma cristalina altamente ordenada. As enzimas necessárias para a hidrólise da celulose incluem endoglucanases, exoglucanases e β-glucosidases. Nos processos industriais actuais, as enzimas celulolíticas são utilizadas em detergentes, para aclarar e suavizar a cor, para desestonar calças de ganga, para pré-tratar a biomassa celulósica para melhorar a qualidade nutricional dos alimentos para animais e para pré-tratar resíduos industriais. As celulases termoestáveis, que são activas a temperaturas elevadas e a valores de pH alcalinos, são necessárias para atacar a celulose cristalina nativa, que é insolúvel em água e está presente sob a forma de fibras com estruturas densamente compactadas.

1.7 Enzimas de degradação de xilano

A xilana é o componente dominante das hemiceluloses e uma das substâncias orgânicas mais abundantes na Terra, sendo amplamente utilizada na indústria da pasta e do papel. A madeira utilizada para a produção de pasta é tratada a altas temperaturas e a um pH básico, o que significa que os processos enzimáticos requerem xilanases com elevada termoestabilidade e atividade numa vasta gama de pH. As xilanases também podem ser produzidas em fermentação em estado sólido, onde concentrações mais elevadas do meio de base melhoram a produção com tempo de cultivo reduzido. A tecnologia da pasta de papel e do papel é uma das indústrias de crescimento mais rápido e a utilização de xilanases termoestáveis parece atractiva, uma vez que oferece benefícios ambientais globais. No entanto, ainda não foi possível transferir a produção de enzimas do laboratório para a escala industrial. Uma vez que existem apenas alguns termófilos extremos que podem segregar xilanase, a procura de fontes adequadas com elevados rendimentos enzimáticos ainda está em curso.

e as caraterísticas desejadas deve ser uma das prioridades da investigação. Neste contexto, as abordagens metagenómicas para o estudo de grandes populações de organismos não cultiváveis de habitats naturais e artificiais seriam atractivas.

1.8 Enzimas de degradação dos lípidos

As lipases de origem microbiana são as enzimas mais versáteis e são conhecidas por catalisar uma série de reacções de bioconversão, como a hidrólise, a interesterificação, a esterificação, a alcoólise, a acidólise e a aminólise. As suas propriedades únicas incluem a especificidade do substrato, a estereoespecificidade, a regiosselectividade e a capacidade de catalisar uma reação heterogénea na interface entre sistemas solúveis e insolúveis em água. Os ésteres produzidos desempenham um papel importante na indústria alimentar como componentes de sabor e aroma. Enquanto os ésteres metílicos e etílicos de cadeia longa de componentes de ácido carboxílico fornecem espécies químicas de óleo valiosas que podem ser utilizadas como combustível para motores diesel, os ésteres de ácido carboxílico de cadeia longa e componentes de álcool (ceras) são utilizados como lubrificantes e aditivos em formulações cosméticas. Outras aplicações incluem a remoção do breu da pasta de papel na indústria do papel, a hidrólise da gordura do leite na indústria dos lacticínios, a remoção de impurezas não celulósicas do algodão cru antes da sua transformação em produtos coloridos e acabados, formulações de medicamentos na indústria farmacêutica e a remoção da gordura subcutânea na indústria do couro. A maioria dos processos industriais em que as lipases são utilizadas ocorre a temperaturas superiores a 45°C. Por conseguinte, as enzimas devem ter uma temperatura óptima de cerca de 50°C. Entre as propriedades desejáveis que as lipases comercialmente importantes devem ter, encontram-se sobretudo a termoestabilidade e a tolerância aos álcalis. Embora apenas algumas lipases sejam capazes de trabalhar a 100°C, sabe-se que as suas meias-vidas são curtas. Por esta razão, estão constantemente a ser procuradas enzimas lipolíticas altamente activas que sejam particularmente estáveis ao pH, temperatura, força iónica e solventes orgânicos.

1.9 DNA polimerases termoestáveis

O processo de reação em cadeia da polimerase (PCR) conduziu a grandes avanços na biologia molecular. Os desenvolvimentos neste processo foram amplamente facilitados pela disponibilidade de polimerases de ADN termoestáveis que catalisam a extensão da cadeia de ADN do iniciador. A Taq polimerase de *Thermus aquaticus* foi a primeira polimerase de ADN termoestável a ser caracterizada e comercializada para PCR. A exposição repetida da enzima a temperaturas superiores a 96 °C em reacções de PCR teve apenas efeitos limitados sobre a enzima, tendo sido mantida uma atividade significativa após exposição a 99 °C. Embora a Taq polimerase apresente atividade de exonuclease 5'- 3', não foi detectada atividade de exonuclease 3'-5'. Assim, a baixa fidelidade de inserção de bases da enzima não é capaz de corrigir os nucleótidos incorretamente inseridos. Foi também possível determinar as taxas de erro de algumas polimerases sob a forma de pares de bases. Embora o processo de PCR se tenha desenvolvido rapidamente devido a melhores termocicladores, a falta de fiabilidade continua a ser um desafio que tem de ser ultrapassado. As cinco actividades diferentes em que podem ocorrer erros são a taxa de formação de ligações fosfodiéster, a ligação de dNTP pela polimerase, a taxa de libertação de pirofosfato, a contaminação na sequência de uma incorporação incorrecta e a capacidade de revisão da exonuclease 3'-5' da enzima. Algumas das questões que têm movido os cientistas são as melhorias necessárias na fidelidade da PCR, o desenvolvimento de estratégias para uma utilização mais económica das enzimas e a garantia de uma amplificação rápida a partir de menos cadeias. Uma polimerase de ADN termoestável com estas propriedades irá, de facto, provocar as alterações desejadas na PCR.

1.10 Clonagem molecular de genes termofílicos em hospedeiros mesofílicos

A engenharia genética e proteica é a técnica moderna para a produção comercial de enzimas com maior estabilidade a altas temperaturas, valores extremos de pH, agentes oxidantes e solventes orgânicos. Utilização e desenvolvimento de ferramentas de biologia molecular que permitem

A análise genética e a transferência de genes para a produção recombinante conduziram a um aumento dramático da atividade no domínio das enzimas termoestáveis. A clonagem e a expressão de genes termofílicos num hospedeiro mesofílico adequado e de crescimento mais rápido abriram a possibilidade de produzir a enzima termoestável específica necessária para vários fins. Os genes que codificam a α-amilase (*amyA*), a pululanase (*pulA*), a maltodextrina-fosfrilase (*agpA*) e a α-glucosidase (*aglA*) foram identificados na biblioteca genética de *Thermotoga maritema*. As enzimas produzidas após a expressão em *E. coli* são relatadas como sendo extremamente termoestáveis. ++O gene da α-amilase *de Pyrococus furiosus* foi clonado por rastreio de atividade em *E. coli* e *B. subtilis* e era otimamente ativo a 100°C e a um pH de 5,5-6,0 e não necessitava de Ca para a sua atividade. Foi clonado e expresso um gene que codifica **a a-amilase** de uma archaea hipertermofílica, *Thermococcus hydrothermalis*, seguido da caraterização da enzima recombinante. São descritos os genes que codificam pululanases de *Pyrococus furiosus* e *Ferividobacterium pennavorans*. Foram também expressas em *E. coli* xilanases de *Thermotoga maritima* e *Thermotoga neapolitana*, bem como proteases de *Pyrobaculum aerophilum* e *Bacillus stearothermophilus*, lipases de *Bacillus thermocatenulatus*, esterases de *Bacillus licheniformis*, genes de celulase do archaon *Pyrococus furiosus* e trealose sintase termoestável (TreS) de *Meiothermus ruber* CBS-01. Anteriormente, os genes da celobiose fosforilase de *Cellovibrio uda* e *Cellovibrio gilvus* foram clonados e expressos em *E. coli*. Foi investigada a otimização de diferentes condições para a sobreexpressão e produção de enzimas cataliticamente activas a partir de extremófilos. Neste contexto, foi também analisada a influência da temperatura de crescimento, da indução e das chaperonas moleculares na solubilização da enzima sobreexpressa. Foram efectuados estudos sobre a sobreexpressão e a dobragem de proteínas de β-glucosidases quiméricas construídas a partir de *Agrobacterium tumefaciens* e *Cellvibrio gilvus*, tendo sido comunicadas as propriedades das enzimas quiméricas. Do mesmo modo, foram clonados genes que codificam proteases de *Thermomonospora fusca* e *Sterptomyces* sp. C5 e caracterizados em
O gene da α-amilase *de Streptomyces lividans*, que produz maltotriose a partir de *Thermobifida fusca*, foi também clonado e caracterizado. Estes exemplos ilustram vários casos em que genes de termófilos foram expressos em hospedeiros mesófilos. As enzimas recombinantes resultantes apresentaram propriedades semelhantes às da fonte original (Kikani et al., 2010).

Referências

Vésteinsdóttir H (2008) Physiological and phylogenetic studies on thermophilic, hydrogen- and sulphur-oxidising bacteria isolated from Icelandic geothermal areas. Tese de doutoramento. Universidade de Akureyri, Akureyri, Islândia. Kikani BA, Shukla RJ, Singh SP (2010) Potencial biocatalítico de bactérias e actinomicetos termofílicos. Tópicos actuais de investigação, tecnologia e educação em microbiologia aplicada e biotecnologia. Mendez-Vilas A, (Ed). Formatex. pp1000-1007.

Capítulo 2 ***Eurypsychrophilic (psicrotolerante) e Estenopsicrófilos (psicrófilos)***

Os microrganismos tolerantes ao frio têm caraterísticas claramente diferentes dos representantes das espécies mesófilas e termófilas. Os microrganismos com uma temperatura óptima baixa são geralmente designados por bactérias psicrófilas (amantes do frio), e a definição dada por R. Mortia em 1975 tornou-se amplamente aceite. Mortia definiu as bactérias adaptadas ao frio com base na sua temperatura cardinal de crescimento, ou seja, limite inferior, ótimo e limite superior. Um psicrófilo pode ser definido como um organismo cuja temperatura óptima de crescimento é inferior a 2 °C e cuja temperatura mínima de crescimento é igual ou inferior a 0 °C. Os microrganismos que crescem a uma temperatura igual ou inferior a 0 °C, mas que crescem de forma óptima a 20-30 °C, são designados psicrotolerantes (também tolerantes ao frio ou psicrotróficos). Qualquer categorização deste tipo é artificial, e os microrganismos individuais adaptados ao frio podem não estar em conformidade com as definições criadas pelo homem. Os estudos de isolados bacterianos do solo antártico podem ter tanto o seu ótimo como o seu limite superior entre 15 e 20 °C, ou podem ter um ótimo médio de 15 °C mas um limite superior até 20 °C. A principal diferença entre os dois grupos é que os psicrotolerantes têm uma gama de temperaturas de crescimento muito mais ampla (30 a 40 °C) do que os psicrófilos (~20 °C). Os psicrotolerantes podem crescer tão rapidamente a baixas temperaturas como os psicrófilos.

Os novos termos "eurypsicrofílico" e "estenopsicrofílico" foram propostos para substituir os termos "psicrofílico" e "psicrotolerante". Steno" e "eury" são termos ecológicos derivados da lei de tolerância de Shelford, que descreve uma tolerância estreita ou alargada a um determinante ambiental. O termo estenopsicrófilo ("verdadeiro psicrófilo") descreve um microrganismo com uma gama de temperaturas de crescimento restrita que não tolera temperaturas mais elevadas para o seu crescimento. Eurypsyhrophilic ("psycrotolerant" ou "psycrotrophic") descreve um microrganismo que prefere um ambiente permanentemente frio, mas pode tolerar uma ampla gama de temperaturas.

temperatura na gama mesófila (ou seja, "mesotolerante" e não "psicrotolerante"). O termo "psicrófilo" é um termo geral que descreve microrganismos que crescem num ambiente frio. Deve notar-se que o termo "trófico" se refere a um estado nutricional e não é um termo útil para clarificar a temperatura que um organismo pode tolerar. Estes microrganismos psicrotróficos estão muito mais difundidos do que os verdadeiros psicrófilos, sobrevivendo em habitats permanentemente frios, como as regiões polares, as grandes altitudes ou as flutuações sazonais de temperatura (por exemplo, em zonas com climas continentais com temperaturas elevadas no verão e baixas no inverno) são favoráveis aos psicrotróficos, que crescem numa vasta gama de temperaturas e têm as taxas de crescimento mais elevadas acima dos 20 °C.

Diversos microrganismos têm sido viáveis em núcleos de gelo glaciar há mais de 120 000 anos. Nas últimas duas décadas, foram publicados vários estudos centrados na vida microbiana em habitats naturais congelados (neve, gelo glacial e marinho, permafrost, nuvens de gelo), devido ao interesse crescente na vida em planetas congelados distantes (atrobiologia), às ferramentas genéticas para gerar transgénicos e à tomada de consciência do potencial biotecnológico significativo destes organismos (Bisht, 2011).

2.1 Diversidade filogenética das bactérias psicrófilas do gelo marinho

Todos os anos, na primavera e no verão, desenvolvem-se no gelo marinho extensas comunidades microbianas (SIMCO). As SIMCO são geralmente dominadas por comunidades de algas do gelo, que consistem principalmente em diatomáceas pennatas. As populações no gelo são frequentemente tão abundantes que o gelo parece castanho-esverdeado a olho nu. As bactérias heterotróficas representam outro grupo importante nestas comunidades, como demonstram (1) as medições da abundância, atividade e produção bacterianas, (2) o ciclo microbiano e (3) os conjuntos bacterianos filogeneticamente diversos. Protozoários heterotróficos, anfípodes, larvas de invertebrados,

Os copépodes, os eufausídeos como o krill, os nemátodos, os turbelários e alguns peixes são os peixes maiores.

Protozoários e metazoários que vivem no gelo marinho. Nas últimas duas décadas, a diversidade filogenética das bactérias dos gelos marinhos tem sido amplamente estudada, principalmente na primavera e no verão, mas mais recentemente também no inverno. Os esforços centraram-se principalmente nos gelos polares do Ártico e do Antártico, embora também tenham sido realizados alguns estudos noutras águas influenciadas pelo gelo marinho, como o Mar Báltico, o Mar de Okhotsk e o Mar do Japão. As experiências de cultivo tanto na Antárctida como no Ártico deram origem a novos géneros e espécies dentro das divisões do filo Proteobacteria, incluindo as classes Alphaproteobacteria, Betaproteobacteria e Gammaproteobacteria, o filo Bacteriodetes (anteriormente designado filo *Cytophaga- Flexibacter-Bacteroides* ou filo CFB) e o filo Actinobacteria. °Muitas das bactérias descritas dos gelos marinhos do Ártico e do Antártico são estenopsicrófilas, com um crescimento ótimo ou máximo abaixo dos 15 C. Observou-se que a maioria das bactérias isoladas do gelo marinho são pigmentadas e altamente adaptadas ao frio, sendo algumas capazes de formar vesículas de gás. Verificou-se que as bactérias do gelo marinho são invulgarmente fáceis de cultivar - até 60% da população bacteriana total pode ser cultivada. Este facto contrasta com a capacidade de cultura da maioria das bactérias da água do mar (~0,01% da contagem total de células) e pode dever-se às concentrações excecionalmente elevadas de matéria orgânica dissolvida lábil (DOM) libertada pelas algas do gelo, registadas nas salmouras do gelo marinho no Ártico, no Antártico e no Mar Báltico (excedendo as concentrações da água de superfície por um fator de 500). Isto explica provavelmente por que razão as bactérias do gelo marinho são tão fáceis de cultivar tanto em meios pobres como ricos em nutrientes e por que razão os grupos normalmente associados às algas marinhas são repetidamente encontrados em colecções de culturas de bactérias do gelo marinho.

As análises de sequências das pequenas subunidades dos genes rRNA de comunidades inteiras mostraram uma correspondência inesperadamente forte com os dados de cultivo. Na sua maioria, foram encontrados os mesmos filos e géneros, com exceção de alguns clones pertencentes a Verrucomicrobia e aos géneros aeróbios *Verrucomicrobium* e

Prosthecobacter. Não foram detectados grupos de clones bacterianos não cultivados, tais como SAR11, SAR86

ou grupos de arqueas normalmente encontrados em amostras de água do mar oceânica não-polar e polar foram encontrados nas lagoas de gelo ou de fusão da primavera/verão do Ártico e do Antártico analisadas.

Estudos moleculares e de cultivo em lagoas de degelo no verão do Ártico revelaram outro grupo que não tinha sido encontrado anteriormente no interior do gelo. Os géneros Beta-Proteobacteria, conhecidos apenas de habitats de água doce, dominaram nos lagos predominantemente de água doce (juntamente com espécies Gram-positivas, géneros Alpha- e Gamma-Proteobacteria encontrados em lagos mais salinos, e membros de Bacteriodetes em lagos com sedimentos). Foram também encontradas bactérias anaeróbias fototróficas de enxofre púrpura no interior do gelo do Mar Báltico, o que sugere a existência de zonas de baixo oxigénio e anóxicas no gelo marinho. A hipótese é que grandes quantidades de géis mucopolissacáridos e substâncias exopoliméricas (EPS) proporcionam microhabitats de baixo oxigénio para estas espécies no habitat do gelo marinho. Outros estudos sobre o gelo marinho no Mar Báltico mostraram que a desnitrificação ocorre em zonas de gelo com nitrito acumulado. No gelo marinho do Ártico, a desnitrificação bacteriana anaeróbica com um elevado número de bactérias anaeróbicas redutoras de nitratos e a oxidação de amónio foram encontradas em zonas com elevadas concentrações de nitratos, iões de amónio e DOM, que são caraterísticas de muitos habitats de gelo marinho. As arqueas foram encontradas em número reduzido (até 4 % da população) em amostras de gelo marinho do inverno do Ártico (Junge et al. 2004), mas em nenhuma das amostras de primavera e verão acima mencionadas de gelo do Ártico e do Antártico. Surpreendentemente, as comunidades bacterianas e arqueas no gelo também se revelaram semelhantes às da água subjacente. A comunidade microbiana consistia principalmente em proteobactérias do grupo SAR-11 e Crenarcheaota do grupo marinho 1, nenhum dos quais é conhecido do gelo marinho da primavera e do verão. A biblioteca de clones bacterianos do gelo de inverno continha g-Proteobacteria de água do mar oligotrófica

(por exemplo, OM60, OM182) e nenhum clone de géneros de g-proteobactérias, que são frequentemente detectados

nos gelos de primavera e de verão (por exemplo, *Colwellia, Psychrobacter*). Concluiu-se que a seleção durante a formação do gelo e a mortalidade durante o inverno desempenham um papel menor no processo de sucessão microbiana, conduzindo a diferentes comunidades bacterianas no gelo marinho da primavera e do verão. São necessários estudos sazonais que investiguem as transições inverno/primavera/verão para explorar melhor a forma como as diferentes comunidades se desenvolvem no verão e na primavera, mas é provável que factores como o crescimento extensivo de algas, que leva a um aumento das concentrações de DOM altamente lábeis, sejam factores cruciais.

2.3 Descoberta de uma bactéria no gelo marinho que evacua o gás

As vesículas de gás, que se pensa serem um organelo inicial da motilidade procariótica, são estruturas intracelulares encontradas em muitas bactérias e archaea aquáticas. Elas aparecem como áreas brilhantes nas células que as contêm quando observadas por microscopia ótica. Para os distinguir de outras áreas intracelulares brilhantes nas células, têm de ser visualizados por microscopia eletrónica de transmissão. Cada vacúolo gasoso observado com o TEM contém muitas subunidades chamadas vesículas de gás. As membranas das vesículas de gás são constituídas por uma proteína hidrofóbica com um peso molecular de cerca de 7.500, que é a subunidade da vesícula de gás. As subunidades estão dispostas de tal forma que se forma uma estrutura cilíndrica central, que é dotada de pontas cónicas em ambas as extremidades.

A função das vesículas de gás é dar flutuabilidade ao organismo. Isto é conseguido porque a membrana hidrofóbica da vesícula impede a entrada de água no interior da vesícula. No entanto, os gases são livremente permeáveis através das membranas das vesículas, pelo que os gases do ambiente se acumulam no interior da vesícula. Como resultado, as vesículas reduzem a densidade das células e, assim, garantem a flutuabilidade. As bactérias vácuo-gás são muito comuns em habitats de água doce, especialmente naqueles que têm um
coluna de água termicamente estratificada. O gás é tipicamente vacuolado nestes habitats
As cianobactérias que florescem nos lagos encontram-se na água superficial, onde recebem luz abundante para a fotossíntese. As florescências de bactérias fotossintéticas anoxigénicas, muitas das quais contêm vacúolos gasosos, ocorrem no hipolimnion mais profundo dos lagos estratificados. Bactérias e arquéias contendo vacúolos gasosos também são encontradas no hipolímnio e até mesmo em sedimentos de água doce. Em 1989, foram registadas bactérias marinhas com vacúolos gasosos em águas eufóticas ao largo da Península de Palmer. Com base nesta descoberta, colocou-se a hipótese de as bactérias vacuoladoras de gás, tipicamente encontradas em habitats aquáticos estratificados, poderem ser nativas da SIMCO, uma vez que se trata de um exemplo dramático de um habitat marinho estratificado em que a água fria subjacente está coberta pelo manto de gelo da SIMCO. Para testar esta hipótese, foram efectuados estudos mais intensivos em McMurdo Sound, onde a comunidade do gelo marinho pode ser melhor estudada. De facto, foram encontradas bactérias de vacúolos gasosos na camada de gelo SIMCO, na camada de gelo frazil subjacente e na coluna de água, em alguns casos

em concentrações muito elevadas em comparação com o total de bactérias cultiváveis. Ainda não se sabe se os vacúolos gasosos se exprimem na camada SIMCO, mas supõe-se que é provável que se exprimam após o degelo do verão, quando a comunidade microbiana do gelo marinho se distribui na coluna de água. A prova disso é o facto de as estirpes com vacúolos gasosos só terem sido isoladas de amostras colhidas na água superficial e em profundidades até 50 m, não tendo sido isoladas quaisquer estirpes em profundidades inferiores, ou seja, 100, 200 e 500 m. A primeira bactéria vaporizadora de gás descrita no Antártico, *Polaromonas vacuolata*, pertence ao grupo das Proteobactérias. Embora *a Polaromonas vacuolata* pertença provavelmente ao SIMCO, esta bactéria foi isolada de águas abertas durante os meses de verão, pelo que a sua afiliação ao SIMCO é incerta. No entanto, muitas bactérias vacuoladoras de gás foram isoladas e identificadas a partir da camada SIMCO. As bactérias vacuoladoras de gás isoladas e descritas taxonomicamente a partir do gelo marinho pertencem a dois grandes grupos filogenéticos, os filos Proteobacteria e Bacteroidetes. Exemplos das bactérias do gelo marinho que evacuam gases pertencem aos géneros Proteobacteria, *Octadecabacter, Psychromonas e ao género Bacteroidetes Polaribacter* (Junge et al., 2011).

Referências

Bisht SC (2011) Cold-Loving Microorganisms. http://www.biotecharticles.com/Biology- Article/Cold-Loving-Microorganisms-714.html Revisto 29/12/15 às 23:19:35

Junge K, Christner B, Staley JT (2011) Diversity of psychrophilic bacteria from sea ice - and glacial ice communities. Koki Horikoshi (ed.), Extremophiles Handbook. Spriger. doi:10.1007/978-4-431-53898-16.3.

Capítulo 3 *Acidófilos*

3.1 Definição e antecedentes

Na Terra, temos a oportunidade de explorar lugares que são naturalmente frios e, claro, muito quentes. Conhecemos zonas onde chove constantemente e a humidade faz-nos suar. Mas consegues imaginar visitar um local onde as plantas não conseguem prosperar e a maioria dos organismos vivos não consegue sobreviver devido à elevada acidez? Este ambiente existe, e por acaso é o lar do nosso amigo acidófilo.

Os acidófilos são microrganismos que se desenvolvem em ambientes ácidos com um pH inferior a 3. Pense num acidófilo como um micróbio que adora a acidez. Estes organismos são resistentes e gostam de condições de vida extremas. De facto, estes organismos pertencem a uma família maior, os **extremófilos**. Os acidófilos pertencem aos três domínios: eucariotas, bactérias e archaea. Exemplos de acidófilos são Thiobacillus acidophilus (bactérias), Vorticella (eucariotas) e Crenarchaeota (archaea).

Figura 1 Ambiente ácido criado pelo homem: um sítio de drenagem ácida de minas

Os cientistas identificaram várias áreas naturais e artificiais que são suficientemente ácidas para os acidófilos se desenvolverem. Um exemplo de um ambiente naturalmente ácido são certas regiões quentes

Fontes (com gás sulfuroso) no Parque Nacional de Yellowstone. Outros ambientes incluem sítios vulcânicos, detritos de minas de carvão e os nossos próprios estômagos.

3.2 Como é que os acidófilos sobrevivem: Adaptação a ambientes extremos

Naturalmente, pode perguntar-se como é que um microrganismo pode sobreviver em condições tão extremas. A natureza versátil de um acidófilo pode responder a esta questão: os acidófilos desenvolveram um método para se adaptarem a este ambiente. Se tirarmos o pó do nosso livro de biologia, veremos que no interior da célula de um organismo existe um **citoplasma**, uma solução que rodeia o núcleo. Inicialmente, os cientistas acreditavam que o citoplasma dentro de um acidófilo devia ser ácido para se desenvolver em tais condições. Investigações posteriores mostraram que isso estava errado. O citoplasma de um acidófilo era comparável ao de uma célula normal, na medida em que tinha um pH neutro (ou seja, um pH de 7) e não ácido.

Os cientistas também descobriram outros métodos de adaptação, incluindo:

- A libertação de camadas protectoras no exterior da célula por um acidófilo para a proteger dos danos causados pelo ambiente ácido
- Mecanismos celulares eficazes no citoplasma que combatem ou tamponam as variações extremas de pH (no interior da célula)

Todas estas e outras propriedades ajudam os organismos acidófilos a adaptarem-se e a prosperarem em condições ambientais extremas.

3.3 . Onde vivem os acidófilos: Compreender o ambiente ácido

Embora seja importante compreender o que é um acidófilo e onde vive, é igualmente importante compreender como se formam estes ambientes ácidos. Formados naturalmente

e criados pela atividade humana, estes ambientes têm um fator em comum: a presença de enxofre.

Os ambientes ácidos naturais são criados quando o enxofre inorgânico sobe à superfície e é oxidado para formar ácido sulfúrico. **A oxidação** é a capacidade de combinar quimicamente um composto (ou elemento) com o oxigénio. Quando o enxofre sobe à superfície, interage com o oxigénio (no ar) e com a água para formar ácido sulfúrico. O processo é representado por uma equação química, que é mostrada abaixo:

$$2S + 2H_2O + 3O_2 > 2H_2SO_4$$

Figura 2: Reação de oxidação química do enxofre para formar ácido sulfúrico

O ácido sulfúrico é um ácido muito forte. **Os ácidos fortes** são conhecidos por se dissociarem completamente em solução. O pH padrão do ácido sulfúrico é 2,1, mas os ambientes ácidos podem ter um pH inferior a 2,1. Os cientistas chegaram mesmo a encontrar ambientes tão extremos que o pH foi registado como

0. É a isso que chamamos ácido! Mas qual é a relação entre a variabilidade do pH num meio ácido e a presença de ácido sulfúrico?

3.4 Homeostase do pH em acidófilos

A resposta à pergunta anterior pode ser explicada aqui. Os microrganismos que têm um pH ótimo de crescimento inferior a pH 3 são designados por "acidófilos". Para crescerem a um pH baixo, os microrganismos acidófilos têm de manter um gradiente de pH de várias unidades de pH através da membrana celular e, simultaneamente, produzir ATP através do influxo de protões péla F0F1-ATPase. Avanços recentes na análise bioquímica de acidófilos, em conjunto com a sequenciação de vários genomas, forneceram novos conhecimentos sobre os mecanismos da homeostase do pH dos acidófilos. Os acidófilos parecem possuir caraterísticas estruturais e funcionais distintas, incluindo um potencial de membrana invertido,

membranas celulares altamente impermeáveis e uma predominância de transportadores secundários. Além disso, uma vez que os protões entram no citoplasma, são necessários métodos para atenuar os efeitos da redução do pH interno. Esta revisão destaca descobertas recentes sobre a forma como os organismos acidófilos são capazes de

sobrevivem e crescem sob estas condições extremas (Baker-Austin e Dopson, 2007).

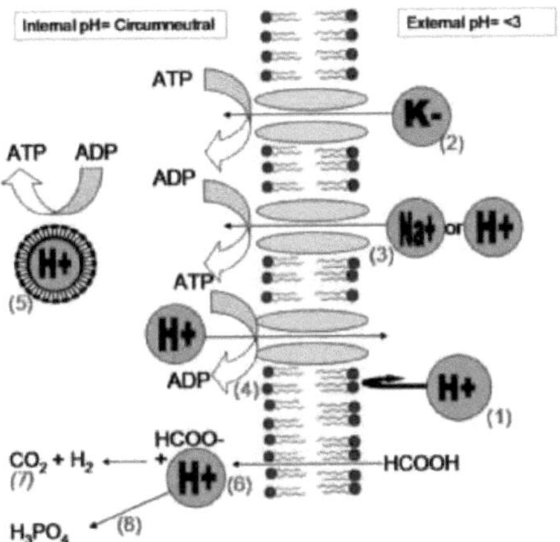

Figura 3. Métodos de homeostase do pH e produção de energia em acidófilos

3.5 Biodiversidade e ecologia dos microrganismos acidófilos

A vida microbiana em ambientes naturais e artificiais com pH extremamente baixo (<3) pode ser muito diversificada. Os procariotas acidófilos (eubactérias e archaea) estão no centro das actividades de investigação neste domínio, principalmente devido à importância destes microrganismos na biotecnologia (especialmente no processamento biológico comercial de minérios metálicos) e na poluição ambiental (formação de "drenagem ácida de minas"); No entanto, sabe-se que os eucariotas acidófilos obrigatórios (fungos, leveduras, algas e protozoários) também formam comunidades microbianas estáveis com procariotas, especialmente em ambientes de temperatura mais baixa (<35°C). A produção primária em ambientes acidófilos é mediada por procariotas quimiolito-autotróficos (oxidantes de ferro e enxofre) e pode ser complementada por acidófilos fototróficos (predominantemente microalgas eucarióticas) em locais iluminados. Os

A maioria dos acidófilos termofílicos são archaea (*Crenarchaeota*), enquanto que em ambientes ácidos moderadamente termofílicos (40-60°C) podem coexistir archaea (*Euryarchaeota*) e bactérias (maioritariamente Gram-positivas). Em ambientes extremamente ácidos a temperaturas mais baixas (mesófilos), as bactérias Gram-negativas geralmente dominam, e há provas recentes de que a oxidação de minerais pode ser acelerada por bactérias acidófilas em ambientes muito baixos (ca. 0 °C). Embora a maioria das bactérias acidófilas fosse anteriormente considerada obrigatoriamente aeróbia, há cada vez mais provas de que muitos isolados são facultativamente anaeróbios e podem combinar a oxidação de dadores de electrões orgânicos ou inorgânicos com a redução do ferro (III). Há provas de uma variedade de interações entre microrganismos acidófilos, tal como noutros habitats, incluindo competição, predação, mutualismo e sinergia. As culturas mistas de microrganismos acidófilos são frequentemente mais robustas e eficientes (por exemplo, na oxidação de minerais de sulfureto) do que as culturas puras correspondentes. Dada a expansão contínua do processamento microbiano de minerais (`biomining') como um método de extração de metais rentável e amigo do ambiente e a preocupação permanente com a poluição de minas abandonadas, a microbiologia acidófila continuará a ser de grande interesse para a investigação no novo milénio (Barrie Johnson, 1998).

Referências

Acidófilos: definição e exemplo. Study.de (2015) http://study.com/academy/lesson/acidophiles-definition-example.html Revisto 30/12/15 em 11:07:50

Baker-Austin C, Dopson M (2007) Life in acid: pH homeostasis in acidophilic organisms. Tendências em Microbiologia, 15:165-171. doi:10.1016/j.tim.2007.02.005

Barrie Johnson D (1998) Biodiversity and ecology of acidophilic microorganisms (Biodiversidade e ecologia de microrganismos acidófilos). FEMS Microbiology Ecology. pp307-317. doi:10.1016/S0168-6496(98)00079-8

Capítulo 4 *Alcalófilos*

4.1 Definição de alcalifílicos

Não existem definições exactas do que caracteriza um organismo alcalifílico ou tolerante aos álcalis. Vários microrganismos apresentam mais do que um pH ótimo para o crescimento, dependendo das condições de crescimento, especialmente nutrientes, iões metálicos e temperatura. O termo "alcalifílico" é utilizado para microrganismos que crescem de forma óptima ou muito bem a valores de pH superiores a 9, frequentemente entre 10 e 12, mas não crescem ou crescem apenas lentamente a um valor de pH quase neutro de 6,5.

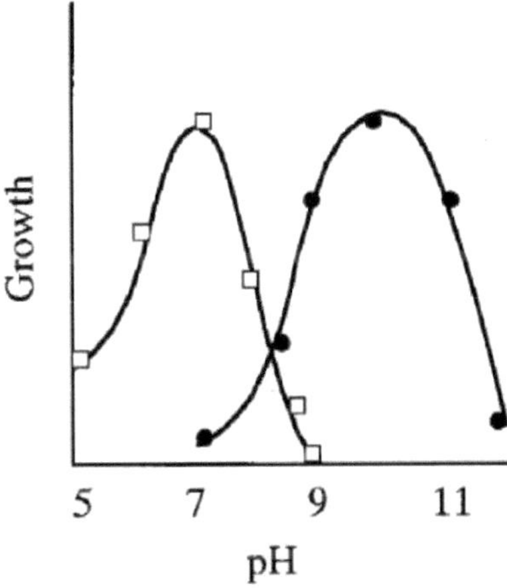

Figura 1: Dependência do pH de microrganismos alcalifílicos. A dependência típica do pH do crescimento de bactérias neutrófilas e alcalifílicas é mostrada por quadrados abertos ou círculos preenchidos.

4.2 Alcalifílicos aeróbicos

Os microrganismos alcalifílicos coexistem com os microrganismos neutrófilos e colonizam certos ambientes extremos na natureza. Para isolar os alcalifílicos, devem ser utilizados meios alcalinos. Geralmente, o carbonato de sódio é utilizado para ajustar o pH a cerca de 10, porque

Os alcalifílicos requerem normalmente pelo menos alguns iões de sódio. A abundância de microrganismos alcalifílicos em amostras de solo neutro "normal" é de 102 a 105/g de solo, o que corresponde a 1/10 a 1/100 da população de microrganismos neutrófilos. Estudos recentes mostram que as bactérias alcalifílicas também foram encontradas em sedimentos de águas profundas amostrados a profundidades de até 10.898 metros na Fossa das Marianas. Muitas espécies diferentes de microrganismos alcalifílicos, incluindo bactérias dos géneros *Bacillus*, *Micrococcus*, *Pseudomonas* e *Streptomyces*, bem como eucariotas como leveduras e fungos filamentosos, foram isoladas de uma variedade de ambientes.

4.3 Alcalifilos anaeróbios

Muitos alcalifilos anaeróbios formadores de esporos foram isolados por métodos convencionais, tendo sido investigadas algumas aplicações. *O Clostridium thermohydrosulfuricum* e vários alcalifilos anaeróbios termo*fílicos* foram isolados de amostras de água e solo do Parque Nacional de Yellowstone. A estirpe JW/YL-138T e outras estirpes semelhantes representam um novo género e espécie, *Anaerobranca horikoshii*. A 60°C, a gama de pH para o crescimento situa-se entre 6,9 e 10,3, com um pH ótimo de 8,5. É relatado que *Clostridium paradoxum*, um novo termófilo alcalino, pode manter a homeostase do pH dentro da célula e prospera em meios de cultura na faixa de pH entre 7,6 e 9,8. Em *Amphibacillus xylanus*, o transporte de leucina e glucose foi significativamente estimulado por NH4. As aminas primárias também activaram a enzima, mas as aminas secundárias e terciárias foram ineficazes.

Até recentemente, poucos microbiologistas pensavam que os alcalifilos prosperavam em ambientes hidrotermais. *Thermococcus alcaliphilus* sp. nov. é uma nova arqueia hipertermofílica que cresce em polissulfureto a um pH alcalino e a temperaturas entre 56 e 90 °C num sistema hidrotermal marinho pouco profundo na ilha de Vulcano, Itália. A gama de pH para o crescimento situa-se entre 6,5 e 10,5, com um ótimo em torno de 9,0. O polissulfureto e o enxofre elementar foram reduzidos a H2S. Depois, a partir de um

Praia pouco profunda (profundidade 1,0 m) no sopé do recife perto de Porto di Levante, na ilha de Vulcano, Itália. O organismo é estritamente anaeróbio e cresce heterotroficamente em certos aminoácidos e substratos orgânicos complexos, tais como casaminoácidos, extrato de levedura, peptona, extrato de carne, triptona e caseína. A hibridação DNA-DNA e as sequências parciais de 16S rRNA mostraram que o novo isolado pertence ao género *Thermococcus* e representa uma nova espécie, *Thermococcus acidaminovorans*.

4.4 Haloalkaliphiles

Os exemplos mais notáveis de ambientes alcalinos naturais são os desertos de soda e os lagos de soda. Os lagos extremamente alcalinos, por exemplo, o Lago Magadi no Quénia e o Wadi Natrun no Egito, são provavelmente os ambientes altamente alcalinos mais estáveis da Terra, com um pH constante de 10,5 a 12,0, dependendo da localização. Muitos organismos isolados de ambientes alcalinos e altamente salinos, como os lagos de soda, também requerem uma salinidade elevada, que é conseguida através da adição de NaCl ao meio de isolamento. Especialmente os lagos de soda hipersalinos são colonizados por representantes

alcalifílicos de archaea halofílica. Estes micróbios de pigmentação vermelha atingem números de 107 a 108/ml em salmouras de lagos de soda. Uma nova arqueia haloalcalifílica foi isolada do Lago Magadi. As células deste organismo contêm grandes vacúolos de gás durante a fase estacionária de crescimento, e as colónias formadas por estas arqueas são de cor rosa brilhante. O conteúdo de G1C do ADN é de 62,7 mol%. Propõe-se o nome *Natronobacterium vacuolata* sp. nov. A estirpe tipo é designada NCIMB 13189. Foi construída uma árvore filogenética para as halobactérias através do alinhamento da sequência 23S rRNA com as de outras archaea. Posteriormente, foram efectuados estudos sobre a diversidade das halobactérias alcalifílicas com base em reconstruções de árvores filogenéticas, bases de assinatura específicas do género e sequências de regiões espaçadoras entre os genes 16S e 23S rRNA. Os cientistas analisaram as
as seguintes alterações: *Natronobacterium pharaonis* deve ser alterado para *Natronomonas* gen. nov.
como *Natronomonas pharaonis* gen. nov. comb. nov.; *Natronobacterium vacaolatum* no género *Halorubrum* como *Halorubrum vacuolatum* comb. nov.; e *Natronobacterium magadii* no género *Natrialba* como *Natrialba magadii.*

Recentemente, foram isoladas duas archaea haloalcalifílicas de um lago de natrão no Tibete. As duas estirpes eram Gram-negativas, pleomórficas, planas, não-móveis e estritamente aeróbicas. O crescimento exigiu pelo menos 12% de NaCl e ocorreu entre pH 8,0 e 11, com um pH ótimo de 9,0 a 9,5. Nas árvores filogenéticas de 16S rRNA, as duas estirpes formaram um grupo monofilético. Diferiam dos seus vizinhos mais próximos, *Halobacterium trapanicum* e *Natrialba asiatica*, na composição de lípidos polares, bem como em caraterísticas fisiológicas e fenotípicas. A hibridação DNA-DNA mostrou que as duas estirpes pertenciam a espécies diferentes do mesmo género. Os resultados indicaram que as estirpes devem ser colocadas num novo género, *Natronorubrum* gen. nov. Recentemente, foi isolada uma bactéria alcalifílica, anaeróbia obrigatória, fermentativa, asporogénica com uma estrutura de parede celular gram-positiva de sedimentos de carbonato de sódio no Lago Magadi, Quénia. Uma análise da sequência do rDNA 16S desta bactéria revelou que pertence filogeneticamente ao grupo XI de bactérias Gram-positivas de baixo G1C. Com base na sua posição filogenética distinta e propriedades fisiológicas únicas, propuseram um novo género e espécie, *Tindallia magadii*, para esta estirpe. A concentração deste novo dissacárido aumentou com concentrações crescentes de NaCl externo, um comportamento consistente com a sua identidade como osmólito. Outros osmólitos comuns (glicina, betaína, glutamato e prolina) não foram acumulados nem utilizados por estas arqueias halófilas para o equilíbrio osmótico em vez da sulfotrehalose.

4.5 Metanogénios

Os metanogénios halófilos foram isolados de vários ambientes salinos neutros e hipersalinos naturais. Estas estirpes cresceram mais rapidamente a temperaturas próximas de 40°C e em

Estas comunidades bacterianas em lagos alcalinos e, em particular, a diversidade de bactérias anaeróbias que se desenvolvem a pH 10. Um novo metanogénio metilotrófico alcalifílico obrigatório foi isolado do Lago Magadi. De acordo com as suas caraterísticas fenotípicas e genotípicas, o isolado pertenceu a *Methanosalsus* (*Methanohalophilus*) *zhilinaeae*. Apresentou 91% de homologia com a estirpe tipo desta espécie anteriormente monotípica. A estirpe não necessitava de Cl2, mas era obrigada a utilizar Na e HCO3. Era um alcalófilo obrigatório e crescia num intervalo de pH de 8 a 10.

4.6 Cianobactérias

Foi encontrada uma grande variedade de cianobactérias alcalifílicas - 16 géneros e 34 espécies. Ainda não foi registada qualquer aplicação industrial. $^{++}$Foi relatado que o Na /H é um antiporte electrogénico na cianobactéria alcalifílica *Synechocystis* sp. A urease purificada de uma cianobactéria diazotrófica alcalifílica, *Nostoc calcicola*. mostrou uma atividade óptima a pH 7,5 e 40°C. $^{+2+}$A enzima revelou-se sensível a catiões metálicos, especialmente Hg^{2+}, Ag e Cu . O 4-hidroxi-mercuribenzoato (um inibidor do grupo mercapto) e o ácido aceto-hidroxâmico (um agente quelante do níquel) inibiram completamente a atividade da enzima. $^{++}$Estes resultados indicam o envolvimento de um grupo SH e de Ni na atividade da urease *de N. calcicola.*

4.7 Outros alcalifílicos

As estirpes de alcalifílicos oxidantes de enxofre oxidam o sulfureto, o enxofre elementar e o tiossulfato em tetrationato. Recentemente, foi isolada e purificada a desidrogenase de sulfureto destas bactérias alcalifílicas quimiolitoautotróficas oxidantes de enxofre. *Desulfonatronovibrio hydyogenovorans* gen. nov., sp. nov., é uma bactéria alcalifílica, formadora de sulfato, isolada do Lago Magadi. É um alcalifilo dependente de sódio obrigatório que ocorre eme não cresce a pH 7; o valor máximo de pH para o crescimento é superior a pH 7.A concentração óptima de NaCl para o crescimento é de apenas 3 % (wt/vol). Foram também isoladas várias espiroquetas alcalifílicas do Lago Magadi e do Lago Khatyn na Ásia Central. A análise dos genes que codificam o 16S rRNA indica uma possível divisão na árvore filogenética das espiroquetas. *Methylobacter alcaliphilus* sp. nov. isolado de lagos de soda moderadamente salinos em Tuva (Ásia Central) cresceu mais rapidamente a um pH de 9,0 a 9,5 e muito mais lentamente a um pH de 7,0. Não se registou qualquer crescimento a um pH inferior ou igual a 6,8. Requerem NaHCO3 ou NaCl para crescerem num meio alcalino.

Referência

Horikoshi K () Alcalifilos: algumas aplicações dos seus produtos para a biotecnologia. Microbiology and Molecular Biology Reviews. 63:735-750. doi:1092-2172/99/$04.0010

Capítulo 5 *Halófilos*

5.1 **O que são os halófilos?**

O sal é essencial para todas as formas de vida na Terra, sendo o excesso de sal uma condição de stress comum. Os halófilos são organismos que necessitam de mais de 0,2 *M* de NaCl para crescer e podem suportar os efeitos do stress osmótico. Os halófilos encontram-se em quase todos os principais clados microbianos, incluindo formas procarióticas (bactérias e archaea) e eucarióticas. São classificados como ligeiramente halófilos quando crescem de forma óptima a 0,2-0,85 M (2-5%) de NaCl, moderadamente halófilos quando crescem a 0,85-3,4 M (5-20%) de NaCl e extremamente halófilos quando crescem a 3,4-5,1 M (20-30%) de NaCl. Em salinidades mais baixas, os membros de Eukarya e Bacteria dominam as populações, enquanto os membros de Archaea dominam em salinidades mais altas. Para efeitos desta entrada da enciclopédia, centrar-nos-emos principalmente nas aplicações dos microrganismos moderadamente e extremamente halófilos e dos seus produtos. A biologia dos halófilos já foi amplamente estudada. Os halófilos encontram-se em todo o mundo - desde salmouras naturais em bacias costeiras e de profundidade até minas de sal e salmouras. A importância comercial dos halófilos é conhecida desde a antiguidade. Os soldados romanos, por exemplo, recebiam "dinheiro de sal" (salarium argentum) como parte do seu salário, de onde deriva a palavra inglesa "salary" (sal = sal, ary = pertencente a ou relacionado com). A cor vermelha intensa dos sais solares, que resulta do florescimento de microrganismos halófilos, era utilizada em culturas antigas (por exemplo, na China e no Médio Oriente) como um biomarcador de uma produção de sal bem sucedida. Ainda hoje, os micróbios halófilos são cruciais para a produção de sal - a sua cor vermelho-púrpura aumenta a absorção da radiação solar e acelera o processo de evaporação, levando a uma maior produção de cristais de tamanho e forma adequados. Os micróbios halófilos são também importantes na indústria alimentar, onde são utilizados na preparação de molhos como a soja, o miso e o nam pla, bem como em
a produção de outros produtos, como queijo, carne curada e peixe. As utilizações modernas dos halófilos incluem a produção de suplementos alimentares naturais, *β-caroteno*, vitaminas e outros componentes a partir de algas verdes do género *Dunaliella* para consumo humano, e a produção de películas bidimensionais de membrana púrpura contendo a proteína bacteriorhodopsina de espécies arqueanas de Halobacterium para aplicações de biossensores. Várias empresas que oferecem estes produtos são atualmente bem sucedidas comercialmente. Os solutos compatíveis dos halófilos são amplamente utilizados nas indústrias cosmética e alimentar como hidratantes e conservantes e na educação como modelos de ensino. É provável que, no futuro, venham a estar disponíveis várias outras aplicações, nomeadamente nos sectores químico, ambiental, dos biocombustíveis, farmacêutico e dos cuidados de saúde.

5.2 **Produtos especializados**

Os halófilos produzem novas biomoléculas de interesse comercial, várias das quais foram ou estão atualmente a ser utilizadas. Estas incluem as archaea halófilas (Haloarchaea), que contêm proteínas da retina, como a bacteriorhodopsina, uma bomba de protões acionada pela luz, na membrana violeta que lhes permite crescer fototroficamente, e rodopsinas sensoriais que permitem respostas fototácticas. As proteínas da retina estão a ser desenvolvidas para uma variedade de dispositivos ópticos, por exemplo como fotossensores. Os solutos compatíveis com os halófilos são também utilizados pela indústria para uma variedade de aplicações, desde aditivos alimentares a cosméticos.

5.2.1 Proteínas da retina

Com cerca de 80 patentes americanas para a bacteriorhodopsina da *Halobacterium* e produção comercial por várias empresas, é um dos produtos mais conhecidos

que têm origem nos halófilos. A capacidade de converter a luz em energia química num organismo sem clorofila

foi descoberto pela primeira vez nas Haloarchaea. A apoproteína responsável, a bacterioopsina, combina-se com uma proteína da retina para formar a bacteriorhodopsina, que é depois organizada num arranjo cristalino bidimensional na membrana púrpura das Haloarchaea. A bacteriorhodopsina é o transdutor biológico mais simples da energia solar e utiliza a luz para estabelecer um gradiente transmembranar do potencial eletroquímico dos protões. A estrutura primária da bacteriorhodopsina foi resolvida na década de 1970, tornando-a uma das primeiras proteínas membranares a fazê-lo. A bacteriorhodopsina tem várias propriedades que a tornam útil para a indústria: É muito estável numa gama de temperaturas (0 a 45 °C) e valores de pH, as suas reacções são auto-regenerativas e pode ser manipulada química, genética ou imunologicamente. Quando a síntese de ATP é bloqueada, a bacteriorhodopsina gera um potencial elétrico a partir do seu gradiente de protões. A bacteriorhodopsina na membrana violeta é extremamente estável e pode ser imobilizada numa única camada em substratos sólidos e gerar sinais fotoeléctricos de forma fiável. Estas propriedades tornam-na atractiva para muitas aplicações industriais. A bacteriorhodopsina de espécies de Halobacterium é comercializada para sensores de luz, ótica não linear e processamento de dados ópticos. Está também a ser considerada para utilização como película fotocrómica apagável. Um aparelho de schlieren que utiliza uma película de bacteriorhodopsina como grelha de imagem adaptativa com iluminação de luz branca vai ser utilizado no Centro Espacial Kennedy da NASA para a deteção remota de fugas de gás. Este tipo de película é atrativo porque não necessita de revelação química e pode ser utilizado repetidamente. As películas de bacteriorhodopsina também têm potencial para serem utilizadas como biochips que poderiam retransmitir sinais eléctricos, substituindo os circuitos integrados

dos computadores modernos. Como a bacteriorhodopsina pode converter a luz em impulsos eléctricos, pode também ser utilizada como sensor de luz. Para este efeito, uma fina película do pigmento é colocada entre um elétrodo de óxido e um gel condutor de eletricidade. Quando a luz
Quando atinge o sensor, a carga deslocada pela bacteriorhodopsina é transferida para o elétrodo. O elétrodo
Foi mesmo sugerido que a bacteriorhodopsina poderia ser utilizada para permitir que os robots industriais vissem.

5.2.2 Solutos compatíveis

Os halófilos evitam a perda de água celular no seu ambiente salino acumulando quantidades osmoticamente equilibradas de sais internos ou produzindo solutos ou osmólitos compatíveis que podem ser utilizados para manter a estabilidade das biomoléculas. A maioria das bactérias e eucariotas halofílicas exclui os sais e, em vez disso, acumula elevadas concentrações de solutos no citoplasma. Estes osmólitos são geralmente aminoácidos (por exemplo, glicina, betaína, ectoína) ou açúcares e polióis (por exemplo, sacarose, trealose e glicerol), que não interferem com os processos metabólicos e não têm carga líquida a pH fisiológico. As leveduras halotolerantes e as algas verdes acumulam polióis, enquanto a maioria das bactérias halofílicas e halotolerantes acumulam espécies zwitteriónicas. Os solutos compatíveis podem ser acumulados por biossíntese, *de novo*, a partir de material armazenado ou por absorção direta a partir do meio. A ectoína e os seus derivados foram patenteados como hidratantes em cosméticos e como estabilizadores em reacções em cadeia da polimerase. A glicina betaína, um osmólito comum, foi proposta como aditivo alimentar. A sua via biossintética foi caracterizada e a expressão dos genes de *Ectothiorhodospira* halochloris foi manipulada em *Escherichia coli*, resultando na acumulação de betaína e numa melhor tolerância ao sal. A utilização de *Halomonas boliviensis* para a produção de ectoína em culturas descontínuas está atualmente a ser investigada. A alga verde *Dunaliella salina* é uma boa fonte comercial de glicerol e é utilizada como emulsionante, plastificante, meio de proteção e como nutriente e aditivo de nutrientes, entre outras coisas.

5.3 Transferência de genes de tolerância e resistência ao sal

A irrigação generalizada é responsável pela contaminação por sal de cerca de um quarto a um terço das terras agrícolas do mundo. A maioria das culturas é altamente sensível ao sal, que provoca stress osmótico e défice hídrico devido ao influxo de iões de sódio para as células, limitando gravemente a produtividade. A modificação genética da resistência ou tolerância ao sal em plantas cultivadas foi demonstrada pela expressão orientada de antiportadores vacuolares de sódio-protão. O gene vacuolar endógeno AtNHX1 de *Arabidopsis thaliana* foi utilizado para aumentar a tolerância ao sal desta planta modelo até 200 mM de NaCl. Embora estes resultados representem um avanço importante, o nível de tolerância ao sal é ainda relativamente baixo. A tolerância das plantas terrestres a uma salinidade semelhante à dos oceanos (530 mM) poderia ser melhorada utilizando mecanismos que evoluíram nos microrganismos halófilos e permitir a utilização da água do mar para irrigação, o que poderia revolucionar verdadeiramente a agricultura e aumentar drasticamente a área cultivada. O grau de resistência ao sal nos microrganismos halófilos é muito mais elevado do que nas plantas, sendo que algumas espécies são capazes de crescer mesmo com salinidade saturante (5,3M). As propriedades halofílicas dos microrganismos resultam da síntese ou da absorção de solutos compatíveis no citoplasma que equilibram a força osmótica do meio e evitam a perda de água (DasSarma et al., 2010).

Referência

DasSarma P, Coker JA, Huse V, DasSarma S (2010) Halophilic industrial applications. *Encyclopaedia of Industrial Biotechnology: Bioprocess, Bioseparation, and Cell Technology*,
editado por Michael C. Flickinger. John Wiley & Sons, Inc.

Capítulo 6 *Barófilos (piezófilos)*

Os barófilos ou piezófilos, como são por vezes designados, são organismos que conseguem sobreviver nas profundezas dos oceanos e mares. A pressão a profundidades de 1.000 a 10.000 metros é 100 a 1.000 vezes superior à da superfície terrestre (14,7 lbs/polegada quadrada à superfície contra 1.500 a 15.000 lbs/polegada quadrada a profundidades entre 1 e 10 quilómetros). Como é que os microrganismos podem viver sob tanta pressão?

Um organismo piezófilo é um organismo que se desenvolve sob alta pressão, como as bactérias ou archaea de águas profundas. Encontram-se geralmente no fundo do mar, onde a pressão é frequentemente superior a 380 atm (38 MPa). Alguns foram encontrados no fundo do Oceano Pacífico, onde a pressão máxima é de cerca de 117 MPa. A elevada pressão a que estes organismos estão expostos pode fazer com que a membrana celular, normalmente fluida, se torne cerosa e relativamente impermeável aos nutrientes. Estes organismos adaptaram-se a esta pressão de formas inovadoras para colonizarem habitats de profundidade. Um exemplo disso são os xenóforos encontrados na fossa oceânica mais profunda, a uma profundidade de 10.541 metros.

As bactérias *barotolerantes* são capazes de sobreviver a alta pressão, mas também podem existir em ambientes menos extremos. *As bactérias barófilas obrigatórias* não conseguem sobreviver fora desses ambientes. A espécie Halomonas *salaria*, por exemplo, requer uma pressão de 1000 atm (100 MPa) e uma temperatura de 3 graus Celsius. A maior parte dos piezófilos crescem no escuro e são geralmente muito sensíveis aos raios UV; carecem de muitos mecanismos de reparação do ADN (Martin e Stanley, 2006).

6.2 Barófilos: microrganismos do mar profundo adaptados a um ambiente extremo

O ambiente de profundidade é caracterizado por alta pressão e baixas temperaturas, mas existem regiões com temperaturas extremamente elevadas perto de fontes hidrotermais. Os microrganismos das profundezas do mar têm caraterísticas especiais que lhes permitem viver e crescer neste ambiente extremo. Investigações recentes sobre a fisiologia e a biologia molecular das bactérias barófilas de profundidade identificaram operões regulados pela pressão e mostraram que o crescimento dos microrganismos é influenciado pela relação entre a temperatura e a pressão no ambiente de profundidade (Horikoshi, 1998).

6.3 Barófilos: Extremófilos em águas profundas que sobrevivem à alta pressão

"A pressão da água aumenta com a profundidade e é de 15.000 libras/polegada quadrada nas maiores profundidades do oceano

.

Os barófilos vivem em profundidades onde outros seres vivos não conseguem sobreviver - Donald Reinhardt"

6.4 Pressão e peso da água - sobrevivência em profundidade

Quando um mergulhador se afunda alguns metros na água, não há problema de pressão. Mas a água tem um peso e, à medida que um mergulhador ou um organismo se afunda mais na água, o peso ou a pressão da água aumenta com a profundidade. O mergulho desprotegido mais profundo que uma pessoa pode fazer (sem fato de mergulho ou vestuário de proteção) é a uma profundidade de 33 metros (100 pés). A profundidades maiores, a pressão é tão grande que o corpo fica exposto a um peso esmagador que pode levar à morte.

Para permitir que as pessoas mergulhassem mais fundo e com mais segurança, foram inventados fatos de mergulho pressurizados e, mais tarde, cápsulas autónomas como o Alvin, para evitar danos no corpo humano. No entanto, quando os cientistas exploraram o fundo do mar, aperceberam-se de que havia criaturas nuas, simples e complexas de muitas espécies expostas a esta imensa pressão. No entanto, estas criaturas sobreviveram e desenvolveram-se muito bem. O que é que permite a sobrevivência nas profundezas do mar, aqui, nestas águas frias e escuras?
Waters?

6.5 As adaptações barófilas podem ser determinadas e medidas

Kato et al. estudaram micróbios na Fossa das Marianas, o oceano mais profundo conhecido no mundo, a cerca de 11 000 metros abaixo da superfície. Foram recolhidos sedimentos marinhos reais utilizando o submersível japonês não tripulado *Kaiko.* Os investigadores analisaram os micróbios aí existentes e identificaram as seguintes caraterísticas

- as espécies microbianas detectadas e analisadas foram *Shewanella* e *Moritella*
- a pressão mínima para o crescimento foi de 50 MPa, tendo sido observado um crescimento até 70 a 80 MPa
- Os micróbios a esta profundidade têm também um carácter psicrófilo devido às baixas temperaturas da água
- No laboratório, foi detectado um aumento da composição de ácidos gordos insaturados em ambas as espécies por cromatografia gás-líquido e espetrometria de massa. O ácido gordo mais abundante nestes barófilos era o ácido hexadecenóico (16:1), "...os ácidos gordos polinsaturados de cadeia longa...eram o ácido eicosapentaenóico (EPA) (20:5)...e o ácido docosahexaenóico (DHA) (22:6) na estirpe..."(Kato et al)

Estes dados mostram que os barófilos têm caraterísticas semelhantes às dos psicófilos devido à sua natureza combinada de psicrófilos e barófilos.
Num outro estudo realizado por Eloe et al. em 2008, foi demonstrado que o enxameamento e a natação barófilos podem ser detectados a alta pressão. Estes

mecanismos de motilidade aparentemente promovem a sobrevivência, a vida e o crescimento dos barófilos a baixa pressão.

Dekas e os seus colaboradores mostraram que alguns barófilos em comunidades microbianas mistas podem fixar azoto e trocar metano. Este estudo mostra que as comunidades microbianas próximas e familiares

As reacções químicas microbianas têm lugar nas profundezas dos oceanos e dos mares.

6.6 Archaea, micróbios de muitas espécies são extremófilos

As Archaea são um grupo de bactérias antigas. Para além dos micróbios amantes da pressão ou barófilos, existem psicrófilos (amantes do frio), halófilos (amantes do sal), arsenófilos (amantes do arsénio), termófilos (amantes do calor), bem como acidófilos e alcalinófilos (amantes dos ácidos e dos álcalis). Todos estes micróbios diferentes mostram claramente que a vida é possível em condições excepcionais e difíceis. Os cientistas acreditam que a existência destes extremófilos indica que formas de vida semelhantes podem existir noutros planetas do universo e prosperar em condições tão adversas.

6.7 Sobrevivência de mamíferos e seres humanos em águas profundas

Outras criaturas, mais complexas e altamente evoluídas, como os cachalotes, podem aventurar-se nas profundezas dos mares e oceanos. Nestes mamíferos ocorrem processos anatómicos e fisiológicos complexos e é possível aprender mais sobre estes mergulhos profundos e aspectos das "curvas" (Reinhardt, 2011).

Referências

Martin D, Stanley F (2006) The prokaryotes: Vol. 1: Symbiotic associations, biotechnology, applied microbiology. Springer. P. 94, ISBN 978-0-387-25476-0

Horikoshi K (1998) Barophiles: deep-sea microorganisms adapted to an extreme environment. Current Opinion in Microbiology. 1: 291-295. doi:10.1016/S1369-5274(98)80032-5

Reinhardt D (2011) Barophiles: Deep-sea microorganisms adapted to an extreme environment. https://suite.io/donald-reinhardt/3myk24v Avaliado em 30.12.15 em 14:47:12

Capítulo 7 *Geófilos*

Os geófilos são organismos que gostam ou preferem o solo. Este termo é geralmente utilizado quando se refere a certos tipos de fungos ou bolores e animais que vivem no solo. Muitos destes organismos são normalmente extraídos do solo, mas ocasionalmente infectam seres humanos e animais. Provocam uma resposta inflamatória pronunciada que limita a propagação da infeção e pode levar a uma cura espontânea, mas também pode deixar cicatrizes (Weitzman e Summerbell, 1995).

7.1 Classificação dos geófilos

Estes são classificados em cinco tipos:

- Microgeófilos - são microrganismos do solo, nomeadamente dermatófitos (fungos ou bolores), que são transferidos do solo para os animais e o homem.
- Geófilos temporariamente inactivos - permanecem no solo para hibernação ou metamorfose. Não exercem qualquer força mecânica sobre o solo. Por exemplo, as lagartas de muitas famílias de borboletas (*Noctuidae, Geometridae, Sphingidae)* enterram-se no solo durante a *ninfose.* Em certas épocas do ano, as suas pupas constituem uma importante fonte de alimento para carnívoros, parasitóides, necrófagos e decompositores.
- Geófilos temporariamente activos - desenvolvem-se a partir de ovos depositados no solo. Os adultos aéreos têm geralmente uma vida curta fora do solo, onde se reproduzem e espalham os seus ovos. As larvas e as ninfas são os verdadeiros representantes da pedofauna. Muitos dípteros com larvas edáficas (por exemplo, *Tipulidae, Bibionidae*, Sciaridae) pertencem a este grupo.

- Geófilos periódicos - têm uma ligação ainda mais forte com o solo, uma vez que passam toda a sua vida no solo. No entanto, estes organismos, com ou sem asas, podem mudar de local se o seu habitat se tornar desfavorável ou se o aumento da densidade populacional conduzir a uma competição intra-específica muito feroz (por exemplo, escaravelhos, grilos-toupeira, certos diplópodes)
- Geobiontes - estão permanentemente presentes no solo. Como a sua capacidade de dispersão é baixa, expandem a sua área de distribuição através do "contacto", ou seja, deslocam-se a curtas distâncias no solo ou na sua superfície (por exemplo, minhocas, ácaros, colêmbolos) (Gobat et

al., 2004).

7.2 Dermatófitos

Os dermatófitos ou dermatófitos compreendem um largo espetro de fungos filamentosos patogénicos, incluindo os três géneros importantes Epidermophyton *(E), Microsporum (M) e Trichophyton (T)*, que podem causar infecções superficiais tanto nos seres humanos como nos animais - zoonose. No entanto, Pityriasis versicolor, Saccharomyces cerevisiae e Candida spp. podem causar infecções micóticas superficiais nos seres humanos como fungos patogénicos oportunistas. Com base no seu habitat ecológico, os demarófitos são categorizados em três grupos: microrganismos antropofílicos (de humano para humano), microrganismos zoofílicos (de animal para animal ou humano) e microrganismos geofílicos (transferidos do solo para animais ou humanos). Como fungos queratinofílicos, os dermatófitos são capazes de infetar o tecido que contém queratina da pele (estrato córneo), cabelo e unhas nos seres humanos através das suas enzimas queratinase. Também decompõem garras, penas, cascos, chifres e lã de animais. Os dermatófitos são agentes patogénicos fúngicos que causam dermatofitoses. As micoses superficiais das dermatofitoses têm o nome da localização anatómica das lesões.

Dermatofitose (tinea ou micose) é um termo geral para as lesões agudas a ligeiras e crónicas das camadas exteriores do tecido queratinizado causadas por dermatófitos. Dermatofitoses
incluem *Tinea barae, Tinea faciei, Tinea incognito, Tinea capitis, Tinea favosa, Tinea*
corporis, tinea cruris, tinea manuum, tinea pedis e tinea unguium. De acordo com provas históricas, os cientistas persas da antiga Pérsia tinham conhecimento da doença de pele dermatofitose.

Tinea barbae, tinea faciei e tinea incognito A Tinea barbae é um tipo de infeção fúngica superficial que ocorre nos homens nas zonas do rosto e do pescoço com barba. A infeção afecta a pele e os pêlos (hastes e folículos) do bigode, da barba e de parte do pescoço. Os dermatófitos zoofílicos, como o T. *verrucosum, o T. mentagrophytes, o M. canis e o T. tonsurans*, são os agentes causadores mais comuns da tinea barbae, e os dermatófitos antropofílicos, como o *Trichophyton rubrum*, são conhecidos como o segundo agente causador da tinea barbae. Os sinais clínicos da *tinha barba* incluem querion, descamação, foliculite, comichão, ardor e reacções inflamatórias. *A tinea faciei* ocorre nos mesmos locais anatómicos que nos homens, mas esta infeção pertence às mulheres e às crianças. Por outras palavras, *a tinea faciei* é a forma pediátrica e feminina da *tinea barbae. A tinea barbae* ocorre em adultos do sexo masculino, enquanto *a tinea faciei* afecta recém-nascidos, crianças e mulheres. Tanto *a tinea barbae como a tinea faciei* não são muito comuns no Irão. Por vezes, *a tinea faciei* ocorre de forma completamente discreta e o seu aspeto clínico é indistinguível. Esta forma de dermatofitose é designada por tinea incognito. Os principais factores de risco para estes grupos de

vermes são a falta de higiene pessoal, a humidade, o contacto com o solo, o contacto com animais de estimação e o contacto com pessoas infectadas. *A tinea capitis* é reconhecida como a dermatofitose mais importante entre a população infantil no Irão e em todo o mundo. A infeção afecta o couro cabeludo, os fios de cabelo e os folículos pilosos. *A tinha do couro cabeludo* é a infeção por dermatófitos superficiais mais comum nas sociedades urbanas sobrelotadas. É a infeção predominante em crianças jovens e em idade escolar. Os géneros de dermatófitos etiológicos da tinha do couro cabeludo incluem *o Trichophyton* e *o Microsporum. T. violaceum, M. canis, T. verrucosum, T. mentagrophytes, T. interdigitale e T. tonsurans* são as espécies mais comuns isoladas de doentes com *tinha do couro cabeludo* no Irão e noutros países. *A tinha do couro cabeludo* é
A tinha do couro cabeludo é classificada em três tipos principais: Ectothrix, Endothrix e Favus. A forma ectothrix da *tinha* da cabeça é frequentemente reconhecida pela presença de artroconídios no exterior dos fios de cabelo infectados, enquanto a forma endothrix da *tinha da cabeça* se caracteriza pela presença de artroconídios no interior dos fios de cabelo infectados. A infeção capilar do favus, conhecida como tinea favosa, pode ser reconhecida pela presença de micélios fúngicos de *T. schoenleinii* nos fios de cabelo infectados. Os sinais clínicos da tinha do couro cabeludo variam desde manchas assintomáticas, discretas e ligeiramente descamativas, até graves cabelos infectados quebrados, manchas inflamadas, pústulas, cerúmenes e escrófulas em várias partes da cabeça.

Tinha da cabeça

A tinha do couro cabeludo com lesões de queriona é conhecida como *tinha profunda*. O contacto direto com a cabeça (especialmente nas crianças), a utilização de objectos pessoais pertencentes a pessoas infectadas e a falta de higiene são os factores de risco mais frequentemente citados para a *tinha da* cabeça. *Tinea* corporis *A tinea corporis* é uma forma de dermatofitose causada pelos três géneros *Trichophyton, Microsporum* e *Epidermophyton* e afecta o tronco. A Tinea corporis caracteriza-se por lesões marginais avermelhadas, unilaterais, múltiplas e circulares. *T. rubrum, T. tonsurans, T. interdigitale, T. mentagrophytes, E. floccosum e M. canis* são agentes patogénicos dermatófitos importantes da *tinha corporal* no Irão e em todo o mundo. *A tinha corporal* é mais frequentemente observada perto do Golfo Pérsico. *A tinea corporis* que ocorre em lutadores é conhecida como *tinea gladiatorum*, na qual a infeção se espalha de pele para pele e de tapetes de luta para pele. *T. tonsurans, T. rubrum, E. floccosum e T. mentagrophytes* são os agentes patogénicos mais frequentemente notificados no Irão. *A tinha corporal* causada pelo dermatófito antropofílico *T. concentricum* é também conhecida como *tinha imbricada*, que é rara no Irão mas comum na América do Sul. *A Tinea imbricata* é conhecida como uma dermatofitose genética e dependente da etnia. Por vezes,
As mulheres que tomam corticosteróides e depilam as pernas são susceptíveis a uma forma típica de
Tinea corporis, que é conhecida como granuloma de Majocchi. De acordo com

os anteriores

A Tinea corporis é considerada a forma predominante de dermatofitose em algumas partes do Irão.

Tinha cruris

A tinea cruris ou "comichão de jock" é uma dermatofitose comum da zona das virilhas. Afecta os adultos e ocorre três vezes mais frequentemente nos homens do que nas mulheres. Os agentes patogénicos mais importantes da *tinea cruris* são *T. rubrum, E. floccosum, T. interdigitale, T. mentagrophytes e T. verrucosum* no Irão e noutros 53 países. A humidade, a falta de higiene, as temperaturas elevadas e o vestuário apertado são os factores predisponentes mais comuns que podem levar à ocorrência *de tinea cruris*. Nos casos crónicos, não se observa qualquer inflamação, enquanto as infecções agudas são acompanhadas de inflamação e prurido intenso. A progressão das lesões e o eritema ocorrem de forma centrífuga e podem ser observados de forma simétrica ou assimétrica. Erupções eritematosas com vesículas nos bordos das lesões são sinais clínicos comuns da *tinha crúcis*.

Tinha do homem

A tinha do homem é uma infeção dermatofítica superficial que afecta as mãos, as palmas das mãos e as áreas interdigitais de um ou ambos os lados. *A tinea manuum* ocorre normalmente em conjunto com a *tinea pedis. T. rubrum, T. mentagrophytes, T. interdigitale e E. floccosum* são os agentes patogénicos mais comuns da tinea manuum no Irão e em todo o mundo. A humidade e a humidade, bem como a pré-infeção de *tinea pedis*, são os factores de risco mais importantes para a *tinea manuum*. Os sinais clínicos da *tinea manuum* incluem secura e mãos escamosas que se assemelham a eczema. Por vezes, as unhas também podem ser afectadas pela *tinea manuum*.

Tinha do pé

A tinea pedis, também conhecida como pé de atleta, é a dermatofitose mais comum em todo o mundo. Estima-se que quase 70% das pessoas em todo o mundo tenham sido infectadas durante a sua vida. *A tinea pedis* é significativamente mais comum em adultos do que em crianças e mais comum em homens do que em mulheres. No Irão e noutros países, a tinha dos pés é normalmente causada por *T. rubrum, T. mentagrophytes, T. interdigitale e E. floccosum*. Os sinais clínicos da tinea pedis apresentam-se de várias formas, incluindo inflamação e ulceração (com nódulos e vesículas na planta do pé), mocassim (com escamas e queratinização espessa da sola e do calcanhar) e espaços interdigitais (com comichão e ardor). As manifestações clínicas podem ocorrer unilateralmente, bilateralmente, simetricamente, assimetricamente, de forma aguda ou crónica. A humidade, as temperaturas elevadas, a falta de higiene e o uso prolongado de calçado são conhecidos como factores de risco importantes para a dermatofitose da tinea pedis.

Tinha ungueal

A infeção do leito ungueal ou da placa ungueal causada por fungos

dermatófitos patogénicos conduz à tinea *unguium ou onicomicose dermatófita*. Os organismos causadores mais comuns da tinha ungueal são o T. rubrum, o T. mentagrophytes, o T. interdigitale e o E. floccosum, que foram registados no Irão e noutros países do mundo. Os sinais clínicos típicos da tinea unguium são a deformação e a descoloração das unhas. Traumatismo, sapatos apertados, humidade, *pré-tinea mannum, pré-tinea pedis* são os factores de risco mais comuns para a oicomicose dermatófita. Técnicas de diagnóstico De acordo com os avanços no diagnóstico micológico, estão atualmente disponíveis duas categorias de diagnóstico, incluindo ferramentas de diagnóstico tradicionais e moleculares avançadas. Precisão,
A disponibilidade, a rapidez, a sensibilidade, a especificidade e a relação custo-eficácia são factores importantes para
Procedimentos de diagnóstico. No entanto, os procedimentos de diagnóstico de rotina convencionais não são capazes de garantir uma sensibilidade e especificidade adequadas (Behzadi et al., 2014).

Referências

Weitzman I, Summerbell RC (1995) The dermatophytes. Clinical Microbiology Reviews. 8:240-259. doi:0893-8512/95/$04.0010

Gobat JM, Aragno M, Matthey W (2004) The Living Soil: Fundamentals of Soil Science and Soil Biology. Science Publishers, Inc. pp410. ISBN 1-57808-212-9

Behzadi P, Behzadi E, Ranjbar R (2014) Fungos dermatófitos: infecções, diagnóstico e tratamento. Jornal Médico da SMU. 1:50-61.

Capítulo 8 *Poliextremófilos*

Parte-se do princípio de que os microrganismos estão expostos ao stress nos seus habitats naturais durante o seu ciclo de vida. Muitos extremófilos vivem em ambientes com mais de um parâmetro extremo, por exemplo, extremófilos que se desenvolvem nas profundezas dos oceanos ou perto de fontes termais. No primeiro caso, se os extremófilos se encontram em lama marinha, podem ser piezófilos ou psicrófilos, mas se se encontram perto de uma fonte hidrotermal, podem ser piezófilos, termófilos ou acidófilos devido aos minerais libertados na fonte, ou mesmo se se encontram em DHABs, podem ser piezófilos, psicrófilos ou halófilos.

Num esforço para fornecer uma visão abrangente dos valores extremos de temperatura e pH, os cientistas listaram mais de 200 espécies extremófilas da literatura. Estas são designadas por espécies termoacidófilas, termoalcalifílicas, psicroacidófilas e psicroalcalifílicas. Como a fluidez da membrana diminui a baixas temperaturas, a menor permeabilidade aos protões (H+) é uma vantagem para as espécies acidófilas e alcalifílicas. A homeostase do pH é controlada pelos movimentos de H+ através da membrana. A presença de psicroacidófilos e de psicroalcalifílicos ainda não foi demonstrada na natureza; apenas foi observada a presença de alcalifílicos psicrotolerantes, como a *Alkalibacterium psychrotolerans*.

No entanto, a presença de organismos termoacidófilos está bem documentada. As temperaturas elevadas aumentam a permeabilidade ao H+, o que conduz a uma acidificação letal do citoplasma. Modificações na termoestabilidade dos códons de RNA e uma carga superficial neutra das proteínas impedem a hidrólise ácida. Ainda não foi observada a existência de termoacidófilos acima de 100 °C. A sobrevivência dos termoalcalifilos está provavelmente mais relacionada com a capacidade de tamponamento para manter um citoplasma intracelular estável do que com a manutenção de um gradiente bioenergético.

Foram observadas concentrações elevadas de sal em combinação com temperaturas extremas em
espécies psicohalofílicas e termohalofílicas. Muitos ambientes no gelo marinho polar são soluções salinas frias
de modo que um certo grau de halofilia é típico da maioria dos psicrófilos. A adaptação ao frio e ao sal tem, de facto, abordagens comuns. Os termohalófilos são raros. Os seus
As proteínas não carregadas tornaram-se extremamente instáveis em soluções hipersalinas e são desnaturadas por solventes a altas temperaturas e pela redução das interações electrostáticas necessárias para manter a dobragem nativa. *Thermococcus waiotapuensis* é o organismo mais hipertermohalófilo até à data, mas a sua estabilidade bioquímica ainda não é clara.

A correlação entre a temperatura e a pressão é outro parâmetro que influencia a capacidade de sobrevivência dos extremófilos. O aumento de volume é favorecido a altas temperaturas, mas desfavorecido a altas pressões. As adaptações das proteínas termopiezófilas são sinérgicas e envolvem uma baixa carga superficial com um núcleo altamente hidrofóbico. Outras reacções bioquímicas incluem a indução das vias de resposta ao choque térmico e ao choque pelo frio, que reforçam a resposta sinérgica. A resposta ao choque frio é extremamente importante nos psicropiezófilos, uma vez que estes não beneficiam da resposta sinérgica à temperatura e à pressão. Contêm também ácidos gordos mono e poli-saturados para evitar a cristalização da membrana causada pelos dois extremos de temperatura, uma propriedade já presente nos piezófilos.

Tanto os halo-acidófilos como os halo-alcalófilos ocorrem na natureza. Nos halo-acidófilos, as concentrações extracelulares elevadas permitem um efluxo mais favorável de H+. Os halo-alcalifilos são mais comuns porque os catiões monovalentes dos sais são essenciais para a homeostase do pH e o acoplamento energético. Por outro lado, o influxo menos favorável de H+ causado por concentrações elevadas de sal conduz a uma alquilação letal do citoplasma nos haloalcalifilos, o que limita o crescimento. Os haloalcalifílicos são capazes de manter um gradiente de cerca de 1,0-1,5 unidades. Finalmente, as pressões elevadas promovem alterações negativas de volume devido à dissociação dos ácidos e à protonação dos grupos amina nas proteínas. Isto leva à acidificação da solução e cria um ambiente no qual os piezoacidófilos podem residir. Por outro lado,

a alcalinização do ambiente em combinação com pressões elevadas cria um local favorável para os piezo-alcalifilos. No entanto, estes dois organismos precisam de ser mais investigados a fim de os identificar e caraterizar sistematicamente. As enzimas poliextremófilas são utilizadas nas indústrias alimentar, de detergentes, química, de pasta de papel e de papel. Uma enzima termo-alcalinizável de *Bacillus halodurans* TSEV1 é adequada para o pré-branqueamento da pasta de papel e foi recentemente expressa em *Pichia pastoris* para a produção de oligossacáridos. Outra estirpe de *B. halodurans* PPKS-2 produziu uma mananase alcalifílica, halotolerante, detergente e termoestável. Esta estirpe cresce em resíduos agrícolas e pode ser utilizada à escala industrial para a produção de mananase para detergentes e para o branqueamento de pasta e papel. O halófilo Archeon *Halorubrum lacusprofundi*, que está adaptado ao frio antártico, produz uma enzima poliextremófila recombinante que é ativa a temperaturas frias e a elevada salinidade e é estável em solventes mistos aquosos e orgânicos. Esta enzima é adequada para aplicações em química sintética (Dalmaso et al., 2015).

Referência

Dalmaso GZL, Ferreira D, Vermelho AB (2015) Extremófilos marinhos: uma fonte de hidrolases para aplicações biotecnológicas. Mar Drugs. 13:1925-1965. doi: 10.3390/md13041925

Conflitos de interesses

A literatura recolhida foi devidamente citada e os autores originais da literatura publicada foram nomeados. O autor declara que não existe qualquer conflito de interesses.

Agradecimentos

O BNR gostaria de agradecer ao Professor C. N. Khobragade, Diretor da Escola de Ciências da Vida, Swami
Ramanand Teerth Marathwada University, Nanded (Índia), pelo seu grande apoio.

Índice

MIX
Papier aus verantwortungsvollen Quellen
Paper from responsible sources
FSC® C105338

Printed by Books on Demand GmbH, Norderstedt / Germany